改訂 SF 科学論 I

(事実と観測〜量子の運動)

SF 数学論 I； 小学生でも解けるハミルトン閉路問題
　　　　素数論（双子素数問題〜ゴールドバッハ予想）

布村　良夫

東京図書出版

前書き

現代科学とは？　〜【事実】と真実〜

　私たちが存在している宇宙という空間は、過去どのようにして生まれ、現在のすがたになったのだろうか？　そして、将来どのようなすがたになっていくのか？　それを探る時間・空間・物質・エネルギーなどを包括する理論を、科学という論理体系で構築しようとすればするほど、謎を解く手がかりは複雑で高度になってしまう。日常生活の常識とされる感覚から遊離し、現在地さえ解らない迷路へ彷徨い始めたようで、専門家といわれる科学者にとっても、理解が困難なものとなってきています。

　量子力学や相対性理論など、天才と呼ばれる偉大な科学者が扉を開いてきた解明の手掛かりは、その後も着実に受け継がれ発展してきています。しかし、発展・進化してきたように見えるそれらの理論を統合し、系統だった全体像を描こうとしても、シンプルなモデルを描くことが困難になってきているのです。

　さらに、ゲーデルが提唱した不完全性定理の存在は、論理で理論を構築していけば必ず真実にたどり着けるはずだ、と考えている科学の方向性そのものに根本的

I

な疑問を投げかけているのです。

　現代科学には、それ以上に深い根本的な危うさが存在しています。一つは、科学者にかけられている、「宇宙は、数学の言葉で書かれている」というガリレオの呪文です。その呪文の影響は、教育という現場を通して一般の人々の心理にも『真理』であるかのように浸透しているのです。観察された事象を説明するモデルや理論には、数学的な矛盾が存在してはならないという思想です。まさしく、モデルと理論は、数学という論理体系の支配下に置かれてしまっているのです。このことから、「宇宙は数学そのものである」とさえ公言する科学者が出現するくらい、付け入るスキのないもののようにも見えるのです。

　このような、宇宙という存在と数学が混然一体となってできていることが『絶対的真理』、であるかのようにみえていた科学世界に、数学の手法だけでは説明のできない事象が立ちはだかったのです。

　二重スリットによる光の干渉実験を、光子を用いて観測したときのことです。光子は粒子であり、１つの光子は、二重スリットの背後にあるスクリーン上に１つの点を生じます。さらに、光子の照射を続ければ、二重スリットの左右どちらかのスリットを通過し直進した光子により、スクリーン上に２本の線だけが形成されるはずでした。しかし、スクリーン上で光子による点が増えるにしたがいすがたを現したのは、干渉縞だったのです。この不可解な事象の前に、数学は全くの無力でした。数学で干渉縞をつくることは波にしかできないのですから。そこで、光子によるこの不可解な事象を科学者自身が納得するた

めに、「光子は粒子でありながら同時に波の性質ももっている」という光子の二面性についての解釈を真実として誕生させたのです。

『科学的真理』を携えた『科学的解釈』の誕生です。『科学的解釈』によれば、二重スリット実験における光子の二面性は以下のように説明されているようです。

「光源から放出された光子は、二重スリットを通過するまでは、空間を波として伝播し、二重スリットを通過し干渉しあいながら、スクリーンに到達した瞬間、点状の光子になる」

この空間にひろがる波が点状の粒子になる思考上の解釈は、【波の収縮】と名付けられました。

このような解釈の手法で事象を説明しようとした例としては、『シュレーディンガーの猫』という思考実験が最も有名かもしれません。その思考実験をシュレーディンガーが考案した背景には、「【波の収縮】とは、人間が観測した結果を脳内で認識したときに起きる現象だ」という考えが提唱されたからです。生命体の脳内の認識によって、初めて事象が生じたことになるという考え方に反論するためです。

科学の進化・深化とともに、数学の論理で証明できず、解釈にたよらなければならない状況が目立ってきているのではないでしょうか。この現代科学が置かれている状況を、ガリレオが目の当たりにしたとき、どのように解決しようとするのでしょうか。数学の論理で証明できないこの状況は、数学がまだ発達していないせいなのか、それとも、自然がガリレオの呪いからの脱却を要求しているせいなのか、五里霧中の彼方にあるのです。

ここで、この本に登場する解釈の背景にある、観測と真実・『真理』・【事実】について、少し触れておきたいと思います。

　観測とは、我々が生存しているこの宇宙の中で生じた【事実】からのエネルギーを、情報として受け取ることです。そして、その情報から【事実】を類推したものを真実とよび、『真理』とはその情報をもとに、【事実】を説明するために構築したモデルや理論を指します。すなわち、真実はその【事実】を類推する人間の数だけ存在し、科学者によるモデルや理論により説明される『真理』さえ決して【事実】そのものではありません。したがって、これ以降、真実という単語は使わないことにします。私は、科学に突き付けられているこの計り知れない意味の大きさを、宇宙化学の研究者であり、実直なＫ先生から学んだ気がします。

　さらに、科学に潜むもう一つの危うさとは、ガリレオの呪文に登場する数学そのものにあります。学生時代に興味を持ち、読んだ本の中にポアンカレの位相幾何学の解説書があります。しかし、理解の前に立ちはだかった、その時の違和感は今でも残っています。コーヒーカップとドーナッツを例に、位相幾何学的には同じものだとする内容は、俗世にどっぷりつかっている私にとって、論理の矛盾を感じなくともドーナッツにはコーヒーは注げないだろ！　と思わず呟いてしまうのです。非力な学力しかない人間が抱くこの違和感の根源を、ポアンカレが語った明快な言葉に見出すことができます。「数学とは、異なるものを同じとみなす技術である」と。この言葉にこそ、数学のもつ論理の鋭利さと同時に、削ぎ落とされて実態から遊離した

存在が表現されているのです。大きさや風味が異なっていても１個のリンゴは１個と数える、数学に内在する個性の喪失です。

　そこで、後半の SF 数学論を論じるために、自然数に潜む個性を確認しようとしたところ、数そのものを深く考えてこなかったことに愕然としたのです。そのことをふまえ、数学の素人ながら、自然数について少し触れてみたいと思います。

　家畜を飼育する飼い主にとって、すべての家畜は脳内イメージで識別できれば充分です。しかし、複数の人間で管理するときには、個の違いを識別するために目印や記号、名前などが有用です。そこで、家畜の模様を目印にすればよいのですが、家畜に記号Ａ，　Ｂ，　Ｃ，……のアルファベットの焼き印があれば、識別がより容易になります。記号の順序を決め、もれなく並べることで、アルファベットを順序記号として用いることができます。この順序記号を用いれば、家畜を記号で識別すると同時に、最後のアルファベット記号は家畜の量（数）を表すことになります。すなわち、順序記号が番号へと変化するのです。

　現在、順序記号として１，２，３，……を用いることが多く、その記号は番号を表すと同時に、最後の番号で家畜の量（数）も表す自然数が誕生したのです。この順序番号は実在する個に割り振られるため、そこに無（ゼロ）の概念が生じることは決してありません。自然数には、無（ゼロ）の入り込む余地はないのです。

　この、記号→順序記号→番号→数の変化の歴史を認識せず、数概念だけで自然数を論じてしまうことが、現代数学における混乱の源にもなっているように感じます。たとえば、カントー

5

ルが無限を論じるときに重要なはたらきをする自然数です。そこで、彼が1対1の対応に用いた自然数とは記号なのか、番号なのか、数なのかの定義が不明なのです。カードに書き込まれた自然数という順序記号を、2種類の偶数記号カードと奇数記号カードに分けることを想像してみてください。自然数記号カード数と偶数記号カード数、奇数記号カード数の比は、2：1：1になります。

　しかし、自然数記号カードと偶数記号カード、奇数記号カードを同時に作り始め無限に作業し続けたとき、それらのカードの数はすべて等しいのです。しかし、このとき偶数記号カードに記された4は、量を表す自然数4とは関係のない単なる記号です。このように、量を表す数をかぞえることができるとする、カントールの行為の出発点そのものに違和感が存在するのです。

　SF数学論では、ハミルトン閉路問題の解説以外に、この自然数と、そこに含まれる素数の難問の中から、双子素数問題とゴールドバッハ予想の解説を載せました。解説では、できる限り数学的に高度で難解にならぬように努めたつもりです。しかし、数学の素人の論理ですから、番号と数に対する認識の違いを含め、錯誤も多く存在するのかもしれないと思いながら、その錯誤を探すクイズのようにお楽しみいただければ幸いです。

　それでは、数学という機械で緻密に織りあげられた科学理論を、数学から離れ、一本一本ときほぐしながら、手作業により新たな模様として織りあげていく愉しみを一緒に味わいましょう。

　スタートです。

目　次

前書き 1

第一章　科学と『真理』 9

第二章　人間の脳と時間・因果 13

　1 生物の『適応変化』と感覚器官 14

　2 捕食生物の誕生 14

　3 感覚器官と原始脳と錯覚 17

　4 原始脳と発達脳の連携 20

　5 動きと時間概念 22

　6 人間にとっての時間と因果の概念・神の出現 23

第三章　量子の運動 27

　1 光の干渉は波の証明 !! 28

　2 光を粒子にして実験をしてみよう 29

　3 光は本当に波なのか 33

　4 ホイーラーの遅延選択実験 34

　5 二重スリット実験の干渉現象を考察して
　　 みれば 39

6 量子には通り道がある？ 42

7 ゼロ点振動エネルギー 53

8 シュレーディンガーの猫・【事実】と観測 55

第四章　**SF数学論Ⅰ** 65

1 P対NP問題〈ハミルトン閉路問題は、NP問題か？〉....... 65

2 素数論　〜素数の秘密と奇数世界〜 89

第五章　**注釈** 130

1 P^2-2, P^2-8は3、5の倍数ではない 130

2 自然数の不思議　〜奇数世界と偶数世界〜 131

3 自然数N_α近傍の素数出現確率 136

追記 138

第一章　　科学と『真理』

　『真理』と思われる理論を余すことなく伝えようとするとき、科学には数学という言語があります。ところが、数学では説明できない現象が多く発見されてきている現在、数学の論理を離れて自然現象に目を向けるべき時なのかもしれません。その可能性の一つに、【因果】関係を基礎とする論理体系から離れた、洞察という脳内活動があります。この洞察により、生命活動を包括した森羅万象を理解しようとした人物に仏陀がいます。この世界に『真理』が存在するとしても、『真理』を伝える手段は存在しないことこそ『真理』だ、とする論理的に矛盾した思想です。その矛盾に満ちた『真理』を伝えるために、仏陀が用いたのは【方便】という手法です。【方便】とは、相手が理解できる言葉で語りかける、例え話のようなものです。当然、【方便】の内容を論理的に理解しても、『真理』に到達できないことを、互いが納得した上で用いられるのです。仏陀の教えを伝えることを目的とする仏教集団では、この【方便】を『悟り』という『真理』を伝える手法として受け継いでいます。

　　しかし、一人の人間の脳内の活動を他者に伝える困難さは、仏教伝授の世界だけにあるわけではありません。日常生活で個々人の感情や思考している内容を、正確に相手に伝えようとするとき、日々直面し経験している困難さなのです。

　　科学分野でも、【事実】を観測し解析結果から構築した理論が、『真理』であったとしても、その『真理』を表現し伝えよ

うとするときには、【事実】の一面を伝えることしかできない【方便】という手法をとるしかないのです。

真理とは、
　　言葉では伝えることはできぬものじゃ。

　当然ながら、【方便】にすぎない内容にこだわって、詳細に検証し、内容が錯誤だとして批判することには全く意味がありません。【方便】そのものが『真理』ではないのですから。
　前書きで触れた、観測と『真理』・【事実】の関係でみれば、生じた【事実】の観測結果をもとに、【事実】を類推する表現こそ【方便】です。研究者は、報告されている【方便】の内容を検証し、書き換え、新たな【方便】を考案するために努力しているのです。そして、【方便】の共通言語である、数学の論理体系を駆使してきたからこそ、蓄積や革新を経て自然界の中に法則性を見出し、科学に進展を促してきたのです。
　科学世界では、そのような成功体験から、数学による解析結果と観測結果が一致することこそ、『真理』の必要十分条件だと確信するに至ったようです。しかし、人間が見出した『真理』という論理的な【方便】が、この物質空間で起きている【事実】そのものになることは決してありません。科学は、『真

第一章　科学と『真理』

理』に近づくために、異なるものを剝ぎ落としながら、法則性を見出す数学の論理により説明しようとするのです。大切なことは、数学で語られる【方便】により、少しでもこの宇宙の【事実】に近づいていくことです。そのために、科学の世界は、常に新たな【方便】を必要としているのです。

　ただし、この本は、自然現象全体をできる限り俯瞰し、新たな全体像に気づくことにあります。決して、個々の自然現象を物理現象として数学で解析し証明することが目的ではありません。もちろん、ここで俯瞰により姿を表したモデルも、個人的な一つの【方便】にすぎないのです。

　ここで提起している曖昧な【方便】より、偉大な科学者とその陰に隠れている多くの科学者がこれまで創造・検証・蓄積してきた精緻な理論体系があります。当然ながら、それらの精緻な理論体系と、ここで提起している【方便】の間には、信頼性において根源的な齟齬が存在します。しかし、その齟齬の原因が現在の理論体系により生じている、と主張しようとするものでないことはお解りいただけると思います。

　その『真理』探究のために、科学者や数学者の多くは、最新の解析手段や理論こそが最強の武器だと信じ、足元に横たわる重要な過去の財産に気づかず先へ進もうとするものです。

　もしかすれば、過去の財産の中から重要なセグメントを見出す、原始的にみえる洞察という能力の多くを、人類は置き去りにしつつあるのかもしれません。見落としてしまうような些細なセグメントに気づき、手繰り寄せて再び大きなセグメントに織りあげたとき、そこにはこれまでの科学や数学の認識を塗り

変える新たな模様が浮かび上がってくるかもしれないのです。

　いうまでもなく、この本のアプローチが、その目的を達成していると主張したいわけではありません。しかし、本書で提起している拙いモデルを、科学や数学の原点に鑑みて、これまでと異なる視点から発想したアプローチの一つとして理解いただき、個人の想像世界から生み出された SF 科学論として、読み進めていただければ幸いです。

第二章　人間の脳と時間・因果

　人間は、言うまでもなく生命体です。生命体は、死滅しないシステムか、発生・死を繰り返す世代交代システムを手に入れなければ、継続的な生命活動などできません。地球の生命体が刻んできた歴史からみれば、生命体の形状や生命活動の形態を変化させなかった生命体は存在しません。この変化を人間は進化と呼びますが、環境に応じた『適応変化』というべきものです。当然、この変化により環境に適応するたび、多くの可能性を消滅させながら、生命活動や世代交代が続いていくのです。

　無限という時間さえあれば自分と同一の人間が何人でも生じるとする科学者がいますが、現実世界が定常状態でなければ成り立たない考えです。大きな変化だけに気を取られ、ミクロ世界の変化による可能性の消滅に気づかないための錯覚です。

　その錯覚とは、『過去』から『現在』に至る軌跡があるとすれば、『現在』から『過去』を振り返り眺めたその軌跡を、【必然】の軌跡と断定することと同じ考え方です。

　このように、この地球で起きた生命の誕生・変化や自然現象の存在は、認識・理解する人間という生命体の脳活動と切り離すことはできません。すなわち、人間の認識と『真理』の関係を無視できないのです。そこで、脳活動が科学認識や理解におよぼす影響について、身近な時間の概念や錯視、因果思想を例にあげ、それらの検証・考察から始めたいと思います。

◼1 生物の『適応変化』と感覚器官

　地球の生命体は、環境の検出手段を手に入れたことで、初め
て個としての生物が誕生したといってよいでしょう。環境を検
知した結果をもとに、適応していくシステムの構築こそ、生命
体が『適応変化』により生命活動を継続させる重要な要因なの
です。

　生命体の生存にとっての良い環境とは、生命活動に必要なエ
ネルギーとしての熱や光、生命体を構成するために必要な化学
物質とその濃度などが適切であることです。

　その中で、生命を維持するために必要不可欠なエネルギーの
発生源を検知し、その場所へ移動する手段を手に入れることが
できれば、生命体として生き残る可能性を飛躍的に高めること
ができます。

　それ以上に、環境の検知は、周囲の環境状態を知ることにと
どまらず、検知した刺激は RNA や DNA を含めた生命体の構
造変化を促す情報でもあったのです。

　そして、環境検知による多様な熱エネルギー、光エネル
ギー、化学エネルギーなどへの『適応変化』は、生命体の革新
的変化と多様性へと引き継がれていくことになるのです。

◼2 捕食生物の誕生

　生命体が、生命活動に必要なエネルギーを得ようとすると
き、場所や時刻などの制約はさけられません。その制約から抜

第二章　人間の脳と時間・因果

け出すための環境検出機能は、生命体にとってもっとも重要な機能です。そのため、環境検出機能の変化なくして、新たな環境に適応し続けることはできなかったのです。

　初期の生命体が発生したのは、海底の熱エネルギーの発生場所であり、そこが生命活動領域と考えられています。

　ところが、太陽光エネルギーにより生命活動をおこなう葉緑体の出現は、生命活動に必要なエネルギーが根本的に異なる生命体として、海面近くでの生命活動を可能にしたのです。

　また、生命体は他の生命体を分解することなく細胞内にとりこみ共生する多様性をもっています。その中で、葉緑体と共生した単細胞生物の誕生は、さらなる『適応変化』による、光合成をおこなう多細胞生物への出発点となったのです。しかも、光合成により生産した物質を、化学エネルギーとして細胞内に貯蔵することで、生命体にさらなる生命活動の時間を付与したのです。この新たな活動時間を携えた生命体は、海流により運ばれ瞬く間に地球全域へと拡散していったのです。光合成をおこなう葉緑体は、活動領域を広大な海面領域にもつ生命体の誕生という画期的な変化だったのです。

　ところが、平穏にみえた地熱エネルギーや太陽光エネルギーにより生命活動を営む生物界に、光合成生物が貯蔵する物質を化学エネルギーとして取り込み生命活動をおこなう、原始的な捕食生物が出現したのです。その原始的捕食生物は、光合成生物の生息する広大な環境も同時に活動領域として手に入れました。さらに、原始的捕食生物の環境検出機能が非捕食生物を検知する機能へと変化したことで、大量の化学エネルギーを効率

15

よく手に入れることが可能になったのです。

　この後、単細胞生物の環境検出機能は、多細胞生物へと変化する過程で、高度な情報を生む感覚器官へと大きな変貌を遂げます。感覚器官や運動組織などへ独立・分業化することで、多様化しながら高機能化したのです。

　捕食生物に生じた機能の変化は、対象生物である非捕食生物の『適応変化』を促し、非捕食生物に生じた機能変化は、対象生物である捕食生物の『適応変化』を促します。生存確率を高める器官・組織の機能変化は、互いの器官・組織に高速化・高度化を急速に進めたのです。

　それと同時に、検出結果を利用した、より速い判断と行動のために、器官や組織の連携を統合する発達が促されるのです。非捕食生物の逃避活動、捕食生物の捕食活動の高速化・高度化をつかさどるためのもっとも重要な脳の発達です。

　脳の発達は、それまでの、対象生物に対する反射的でパターン化された生存確率の低い単純な逃避・捕食行動を一変させます。対象生物の多様な行動をパターン化して蓄積し、そのパターンに対する自分の行動をシミュレートする生存確率の高い行動をとるための機能に特化していくのです。

　この高機能化した脳は、眼などの感覚器官の情報から、骨格、循環器や筋組織による高い運動能力が発揮できるように支配的地位を確立していったのです。

　私は、JAZZ を聴くのが好きで、今日も聴き流しながらこの文章を入力しています。スピーカーの雑然とした振動により生じた、空気の疎密波が鼓膜を揺らしているだけなのに、マイル

スのペットやコルトレーンのテナーを確かに聴き分けていて、とても豊かな時間を過ごすことができています。これも、原野で風が草や枝葉をゆらす音の中に、トラの足音さえ区別してきた能力のお陰なのかもしれません。

　このように、多細胞生物で高度化した器官や組織とそれを統合する脳の高機能化は、捕食生物と非捕食生物の間で生命をかけた極限状況での急激な『適応変化』を促し合うことで、短い期間で多種多様な生物へと変化を遂げたのです。カンブリア大爆発です。

③ 感覚器官と原始脳と錯覚

　太陽光の下では、光がもっとも速く周囲の情報を運ぶエネルギーです。そのため、周囲の情報を検出する感覚器官として眼を獲得し、その情報を解析するために発達した脳の獲得は、多細胞生命体の生命活動にとって画期的なものでした。

　しかし、人間のように多くの感覚器官をもつ生物の脳には、異なる感覚器官から、異なる時刻の情報が常に入ってきます。その雑多な情報のために、脳が混沌とした状態におちいれば、一つの行動さえ生みだすことはできません。行動をとるためには、一つの現象として認識し、対応をシミュレートしなければ明確で速い行動に移ることなどできないのです。そのために、雑多な情報を整合性のある一つの現象として完成させなければならないのです。

　ここでいう整合性とは、物理現象として解析し科学的に創造

した現象に矛盾がないことを意味するのではありません。解析とは、現在最高のコンピュータを用いても処理時間を要する作業であり、脳がその作業をおこなっている間に、対象生物に逃げられるか捕食される可能性のほうが高いのです。そのため、対応速度を優先する脳は、多くの情報から優先順位の低いものをそぎ落として一つの現象を造り上げるのです。しかも、一つの現象の形成過程・形成後にかかわらず、脳は、決してその現象につなぎ目を認識できないのです。

　しかし、眼からの情報が最優先されても、他の感覚器官からの情報を待ち、整合性のある一つの現象に完成させるシステムでは判断と行動が遅れてしまいます。その弱点を回避するために、原始脳と発達脳という異なった処理をおこなう部分が存在するのです。原始脳は、一瞬に状況を判断するためのパターン認識のエキスパートです。

　例えば、丸い２つの黒点が眼に入ったとき、顔の一部の眼だと認識してしまう経験があると思います。これは、視野の中から、動物の存在を一瞬のうちに検出するためのものです。このようなパターンにより一瞬で判断を下す原始脳は、錯視という困った現象を引き起こす源ともなっています。

　ミュラー・リヤー錯視は、原始脳が瞬間的に空間容積の広さと物体の体積を比較するために起こるのです。ミュラー・リヤー錯視の図では、空間の中に物体が存在する状況と認知してしまう原始脳の絶対的な働きが、脳全体の認識機能を支配しているのです。それでも、２次元的長さを比較分析するために発達脳を働かせ、原始脳による空間・物体の３次元的大小パター

第二章　人間の脳と時間・因果

ン認知から抜け出せば、すぐに長さが同じである事くらい認識できると思われるかもしれません。

　しかし、自分の心臓の収縮や胃・腸などの内臓の動きを自在に操れないのと同じように、人間の思考や意志のはたらきで、原始脳のはたらきを制御などできないのです。生命体の生存戦略上において重要な働きをする、パターン認識による瞬間的な防御システムを優先する脳機能を、切り替え可能にすれば、最善の結果を生むことができなくなるからです。

　また、人は二眼の存在により、視野内にあるすべての物体の前後関係を脳が正確に認識していると思ってはいけません。二眼が存在する一番の理由は、両眼の情報から対象とする部分の像の焦点を黄斑上に結ばせ、詳細な情報から的確な分析をおこなうためです。利き眼という事象が存在するのも、通常は一眼の情報だけで活動している証拠です。それでも、視野の情景内で前後関係が判断できていると感じるのは、原始脳のパターン認識による遠近判断であり、絵画はその機能を逆手に取っているのです。さらにいえば、もし、視野内にあるすべての物体までの距離が一瞬で判断できているならば、立体錯視という事象は決して生じないのです。それにしても、鏡の部屋は、本当に怖くありませんか？

　このように、人間の脳は、自然の中から特定のパターンを瞬時に見出すことを、生存のためのもっとも重要な機能としていて、そのためにパターンは強調され優先順位の高い存在として、手の届かない場所に保存されてきたのです。したがって、錯覚という現象のもとにある原始脳のパターン認識を、高度に

発達した脳のはたらきで、コンピュータのように修正を加えて更新することなどできないのです。

④ 原始脳と発達脳の連携

このように原始脳は、パターン認識によるもっとも速い反射の司令塔です。パターン認識は、連続した動きの認識にも必要ですが、原始脳には連続した動きを保存し大量に蓄積する容量などありません。そこで、重要と判断した連続する運動パターンの情報は、原始脳から発達脳へと移転させるのです。この時、対象の運動パターンに対応するシミュレーションを検討・作成し、同時に移転・保存していきます。この一連の作業は、脳の負荷が少なくなる睡眠時におこなわれるのです。

その一連のシミュレーションは、コンピュータのサブルーチンプログラムに似たはたらきをするものです。そして、必要な時に、複数のサブルーチンプログラムが原始脳により引き出され、選択されつなぎ合わされて滑らかな一連の動作へと変更が加えられ、無意識のうちに機能するようにシステム化されているのです。脳のような組織をもつ生物には必ずこのシステムが作動しているのです。

そのシステムにより、哲学の道を散策しながら、思索に集中する愉しみを味わうことが可能になったのです。そして、思索の中から対応を決断するとき、多くのシミュレーションを意識下に置き、そこから選択することになるのです。その選択機能こそが、思考の原点ともいえるものです。

第二章　人間の脳と時間・因果

　当然ながら、歩くような一連の動作であっても、意識下でコントロールすることは可能です。この意識下でコントロールする行動とは、【集中】するという意識活動を指し、思考から動作まで、さまざまな場面で精度を上げるために必要な活動です。

　仏教においては、座禅などの呼吸から始まる【集中】する活動は、無意識下でおこなわれていたものを意識下でおこなおうとするものです。その【集中】により、無意識下で排除していたさまざまな感覚器官からの情報を、意識下に置くことができるようになるようです。その感覚器官からの情報を一瞬一瞬の感覚として享受することで、生という【事実】に向き合いその密度を高めることが可能になっていくのでしょう。そして、物質空間の【事実】から生まれている環境にこそ、個の生という【事実】に気づく原動力が潜んでいるのかもしれません。

　当然、スポーツにおいても同じです。普段、無意識の動作としていた、走る行為さえも、【集中】すれば一つ一つの関節、一つ一つの筋肉、一つ一つの動作のタイミングなどなど、無数の瞬間により構成されていることに気づくのです。その無意識下に潜む無数のシミュレーションを、【集中】により構成物として意識下に解放させられれば、構成物一つ一つに検証を加えながら、緻密で迅速な一連の動作を構築していくことが可能になるのです。

5 動きと時間概念

　カンブリア大爆発から、数億年たって人類が出現しました。生物の感覚器官や脳は、その個体にとって、単に周囲の情報を受け取るだけで終わる完結型の機能のためにあるわけではありません。このような感覚器官や脳は、生き残るためのより良い行動を選択し決定するために存在しているのです。

　生物界では、捕食者であるか非捕食者になるかでさえ、対象生物や自分の置かれた状況により時々刻々変化するものです。下の図のように、茂みに隠れているトラを一瞬で見出すのは、眼からの情報に対応する原始脳のはたらきです。しかし、眼という感覚器官で茂みの中のトラを見出せなくても嗅覚や聴覚で検出できるかもしれません。

　もっと、楽観的に言えば、トラが突然飛び出して、追いかけてこなければ大丈夫なのです。つまり、対象生物の運動が突然変化することが一番危険なのです。その突然変化する状況を、視野の中から瞬時に見つけ出すことができれば、生存の確率が飛躍的に高くなるのです。この突然の変化にいち早く反応することこそ、捕食者・非捕食者の世界でもっとも重要な能力なのです。

　突然変化する状況の検出は、視覚だけではなく聴覚や嗅覚で

第二章　人間の脳と時間・因果

も同様です。逆の言い方をすれば、生物にとって、ゆっくりとした変化を検出することは、とても苦手だということです。

　クラシックコンサートで思わず居眠りしてしまった経験をお持ちの方も多いと思うのですが、ハイドンのように「驚愕」させようとする意地悪なユーモアの原因にもなってしまうのです。学生時代、同じ研究室で溶媒にピリジンを用いて物質の誘電率測定を行っているグループがありました。同期の卒研生は２カ月もしないうちに、ピリジンの息苦しい独特の異臭さえ感じなくなっていました。

　当然、捕食者は、風下から、音を立てずに、静かに静かに、じわりじわりゆっくりと忍び寄ります。そのような、生死にかかわる場面だけでなくとも、我々は、ＴＶのクイズ番組などで、画面のゆっくりとした変化を瞬時に見つけ出す困難さを実感したりします。しかし、その困難さを、サバンナで、誰も実感したくはないはずです。

　このような変化の速さが、人間にとっての時間感覚の根底を成しているようです。例えば、自分の両手を広げた空間を横切るために要する時間が、速さの概念の根底にあったりします。そのため、子供にとって、大人の行動が素早く感じるのは当然のことですし、人の時間感覚は、個々により異なり、普遍性など無い要因でもあるのです。

6 人間にとっての時間と因果の概念・神の出現

　どうやら、人間にとって、身の回りの物体が変化する速さが

時間に最も近い感覚のようです。それに対し、一日や季節など
の自然が繰り返す変化は、緩やかながら周期的であり人間の生
活の基盤になっています。現代の人間は秒、分、時、日、月、
年と時間間隔の異なる単位でそれらを表しながらも、変化の速
さからくる時間感覚と繰り返す季節は、根本的に異なる感覚で
認識しているようです。

　その時間感覚をつかさどる脳の機能が、原始脳から発達脳へ
と拡張することで、対象生物の動きに対する、生存をかけた変
化をシミュレートする能力が飛躍的にのびたのです。周囲で起
きた事象に対して、創造し実行したシミュレーションの評価と
改編、細分化した精緻なシミュレーションを整理し蓄積する機
能の拡張です。そして、その機能は、シミュレーションの最適
化をおこなう人間の最も重要な脳機能として定着したのです。

　その最適化のために必要なのは、シミュレーションを結合す
る【因果】という接合剤です。物質空間で生じる事象をシミュ
レートし現象として完成するには、始まりとしての事象から、
【結果】が生じるまで細分化された事象を結びつける【因果】
が存在しなければならないのです。

　ところが、天体の運行を含めた自然で生じる事象に【因果】
の痕跡を見出すことは、人間のシミュレート能力を駆使しても
不可能だったのです。しかし、太陽はなぜ存在するのか、太陽
はなぜ規則正しく昇り沈むのか、始まりも終わりも【因果】の
痕跡さえ見出せない事象であっても、人類の脳は【因果】の源
と流れを創造し事象を覆い隠してしまうのです。

　原始時代の源流は、自然界で生じるすべての事象が、眼で検

出できない存在により引き起こされているという観念です。その観念こそすべての自然界で生じる事象に【因果】関係を成立させる神の存在を源とする宗教観の出発点です。原始時代では、自然発生的な宗教観が、人間の脳にある【因果】欲求を満たすたった一つの『真理』でした。その『真理』が、個々の自然界の事象を司るきめ細やかな多神教から、この宇宙すべての事象を司る絶対的な一神教まで、多くの宗教観を醸成していったのは当然のことだったのかもしれません。

　人間の脳が獲得した思考の機能は、【因果】関係を基盤に急激な発展をとげます。新たな能力の対象を自然界の事象に向け、【因果】関係の系統化により、陰に隠れて見えない因子の存在を明らかにしていったのです。その思考による系統化は、原始的哲学とよべる論理ですが、因子を神の支配する【因果】から解き放つことはできませんでした。

　ところが、原始的哲学の論理と、物体の属性である数や形などを体系化した論理が結びついたとき、溶液の中から結晶が現れるように科学が出現し成長を始めたのです。

　科学的思考の流れです。ニュートンの出現により、科学における時間概念がより明確になりました。彼は、速さを「移動距離÷移動に要した時間」と定義し、物体の運動を時間を用いて正確に表せることを明らかにしたのです。

　このような科学の出現は、人間の思考という能力を発展させ、【因果】を神の手から少しずつ奪い始めます。しかし、時間の概念を明確にしたことで、「時間はなぜあるのか？」という根源的な科学的疑問を生みだすことになるのです。

このように、シミュレーションの基となる【因果】が、神の領域から科学の領域へと少しずつ移っていくことで、【因果】の存在境界が不明瞭になっていったのです。

　しかし、神の【因果】領域が狭くなりつつあるとはいえ、人間の意識の領域から消滅することは決してないのかもしれません。何故なら、すべての【因果】を人間が明らかにすることなどできないでしょうから。

　それより、この書で考えていきたいのは、この世界は本当に【因果】という法則で、一滴の水も漏らさないようにできているのか（？）ということです。すなわち、【因果】は神により支配されている流れなのか、または科学により支配されている流れなのか、という二つの流れの鬩ぎあいに気を取られているより、重要で根源的な問いかけなのです。

　いよいよ、本書のテーマである、量子の世界に入る準備ができました。まずは、量子の運動の不可思議さについて、話を進めていくことにしましょう。

第三章　量子の運動

　光は、はたして波なのか、粒子なのかという疑問について、古来、多くの実験が行われ考察されてきました。そして、光が波として伝わる条件として、「エーテル」が空間を満たしているという仮説が提案されたことがあります。この考えの根底には、光が振動する波形として観測されたことにあります。もし、真空が光の振動するものの無い空間であれば、光は振動できず伝わるはずがないと考えられたのです。そこで、空間を充たす光の波を伝える媒質としての「エーテル」を想定したのです。しかし、相対性理論からみれば「エーテル」も光とともに移動しなければならず、大変不都合な存在でした。このことから、現在の科学者で「エーテル」の存在を信じる者は全くいなくなったようです。

　この物質としての「エーテル」の存在が否定されたとき、振動する３次元空間にひろがる場の考えが登場したのです。私たちは、振動している場を波として観測しているというのです。場は、空間的な広がりを持っていると同時に、波の進行方向にひろがっていくことから、時間的な広がりをもっていることになります。

　その場の振動が、物質空間で光の屈折や反射、干渉などさまざまな事象を生じる原因と考えられるのです。さらに、近年、アインシュタインの一般相対性理論による重力レンズ効果も実証されたようです。

27

しかし、光の屈折は物質の質量（密度）の影響による光の移動速度の変化により生じる事象として解釈され、重力レンズ効果は天体の重力により生じる事象として解釈されています。異なる要因による事象として解釈されているようにみえますが、重力も元をただせば物質の質量によるものです。

　すなわち、光は、物質の質量による影響を必ず受けるのです。言い方をかえれば、物質（質量）は光（エネルギー）の通る空間（エネルギー空間と呼ぶことにしましょう）に影響を与えているということです。もっと積極的に言えば、「物質（質量）はエネルギー空間を形成する」となるのです。

　それを確かめるために、SF科学論上の存在と思われるそのエネルギー空間について、偉大な科学者により行われてきた実験を検証しながら考察していきたいと思います。

1 光の干渉は波の証明!!

　それでは、光が波であることを証明したトーマス・ヤングが行った代表的な実験からみていくことにしましょう。

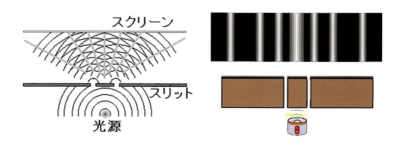

第三章　量子の運動

　図のように二重スリットを用いて、光の干渉を観測した実験です。もし、光が直進するのであれば、光源からの光は、左右二つのスリットを通り抜けたあとスクリーン上に２本の線を描くはずです。しかし、結果は図のように、スクリーン上に明暗の縞（干渉縞）を形成したのです。この干渉縞は、波の重なり合いにより強め合ったり打ち消し合ったりする、波特有の性質による事象であることから、トーマス・ヤングの二重スリットの干渉実験は、光が波であることを証明した実験として認められたのです。

　このように、光は波であると考えなければ説明できない事象が多く存在しています。光（電磁波）が建造物などを回りこむ回折もその一例です。それらのことから、光は波として伝播する、と確信されることになったのです。

２ 光を粒子にして実験をしてみよう

　光源の進歩とともに、光源の光量を絞ることにより、光を粒子（光子）として放出することが可能になりました。そこで、二重スリットの干渉実験装置を用い、光源から一個ずつ光子を放出しながら、観測を行うことになったのです。

　二重スリットを通過した光子は、スクリーン上に１つの点を生じました。さらに、光源から光子を放出し続ければ、粒子の直進性のため、スクリーン上に２本の線を描くはずでした。しかし、スクリーン上の点が形成していったのは、次図のような縞模様だったのです。

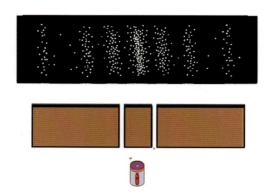

　結果として、粒子であるにもかかわらず光子は干渉縞を形成したのです。すなわち、粒子である光子が波となって、干渉したとしか判断できなかったのです。この「干渉縞の形成＝波」という、数学解析における絶対的真理の上に立つ以上、二重スリット実験装置の中で、光子が波として空間を移動した可能性を否定できなくなったのです。「光源から放出された１個の光子が空間に波としてひろがり、二重スリットを通りぬけスクリーンに到達するまでの空間で干渉し合い、スクリーンに到達した途端１個の光子に戻った」事象が起きたとしか考えらえない状況になったのです。粒子が波へと変化して干渉し合い、スクリーンで観測した途端、粒子になったことを事実として認めることを実験が要求していたのです。
　このとき、光子を用いた他の実験結果で、波の振幅の幅が大きいところほど光子の発見確率が高かったことをもとに、観測される光の波は実際に振動しているのではなく、光子の存在確

率の変化が観測された確率の波だとされたのです。

　このようにして、空間に確率的にひろがっていた光子がスクリーンに到達した瞬間に１個の光子に収縮するという、【波の収縮】または、【波動関数の収縮】という【科学的解釈】を認めなければならない状況になったのです。

　特に、量子力学の世界では、この解釈は必要不可欠です。素粒子の挙動を説明するとき、粒子であり波でもあるという二面性は、疑いようのない世界を築いてきたのです。例えば、原子核まわりの電子は、電子を波とすることで、その振幅の絶対値に比例した確率で、空間の中に見出されることが確かめられています。そして、この確率が示す電子の空間的広がりを電子雲と呼び、その電子雲の形状は、水素の原子核外で電子が検出される結果と厳密に一致することも確かめられています。このように、量子力学は

電子雲

素粒子にまで、波という属性の存在を『真理』としたのです。粒子の波動性は、金箔への電子線の照射や、二重スリット実験で電子を用いたときも干渉縞を生じることから証明されたとされています。

　この、電子（光子）が空間を波のようにひろがり、確率的に観測されることが、一個の電子（光子）が同時に複数の場所に存在すると量子論が考える根拠になっているのです。この量子論の考えが、二重スリットの干渉実験で、１つの電子（光子）が右のスリットと左のスリットを同時に通り抜けて干渉を生じさせている【状態の共存】と呼ばれる概念を誕生させたのです。しかし、実際の二重スリット実験で、両方のスリットで同時に電子（光子）が観測されたことはなく、現在に至るまで概念のままなのです。

　さらに、この二重スリットを使った干渉実験で、科学者は不可思議な現象を発見しています。二重スリットの背後に検出器を置いたとき、干渉縞が消滅してしまうのです。この結果を突き付けられた科学者が、『自然は、人間が観測することを知っている』とか、『自然は、観測されて初めて現象となる』と考えたり、極論に走る人は、『観測されなければ何も起きていない』と主張するに至ることで、観測の真の意味が問われている気がします。

　後ほど、シュレーディンガーの猫でこの【状態の共存】と観測について考察しようと思っていますが、その前に横たわっている、光子や素粒子は粒子なのか波なのかの問題を避けて通るわけにはいきません。そこで、ここから光は本当に波なのか、

について考えてみようと思います。

3 光は本当に波なのか

　ここで、二重スリットを用いた干渉実験で、実は忘れ去られているものがあります。それは、２つの光源を用いた下図の実験です。同一波長の光を発生する２つの光源であれば、二重スリットの干渉実験装置で、干渉縞が観測できるはずだと考えられおこなわれた実験です。

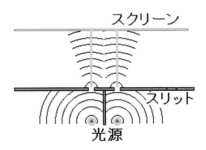

　ところが、２つの光源から出た同一波長の光は、スクリーン上に干渉縞を形成することなく、２本の線を描いただけでした。
　つまり、光の波は、水面に立つ波のように、発生源が異なる波であっても常に重ね合わせができるような単純な波ではなかったのです。光の波は、空間にひろがり彷徨いながら、自分の出生を明確に主張しあいながら、他の光源で生じた光であるかどうかを見抜き、重なり合いと干渉が生じているかのようで

す。

④ ホイーラーの遅延選択実験

このように、さまざまな条件で行われた二重スリット実験の結果は大変興味深いものです。しかし、すべてを矛盾なく説明しようとするとき、結果は大変不可解であり、数学とかけ離れた【解釈】の助けを借りなければならない世界に入り込んでしまっているのです。

はたして、矛盾に満ちたこれらの結果を、思想とも思える【解釈】の手を借りずに解決する方法はあるのでしょうか。そのために、この状況がなぜ生じたのかを、心理の奥底へ潜って見直してみる必要があるようです。その奥底とは、『数学解析の絶対的真理』と信じられている、「干渉縞を形成する＝波」という科学にとって無意識の世界です。

そこで、突飛とも思える、光は本当に波なのかということから考察することにします。そのためには、光みずからが粒子性と波動性を選択しているかのようにみえるホイーラーの遅延選択実験について触れなければなりません。

ホイーラーは、次の図のように光源からの光を、第１のハーフミラーにより二つの光路(A)、(B)に分け、それぞれの光をミラーで反射させた後、第２ハーフミラー上の一点に当たるように装置を組み立てました。そして、第２ハーフミラーの背後に２つの光電管を置き、２つの光路からの光を検出し観察したのです。

第三章　量子の運動

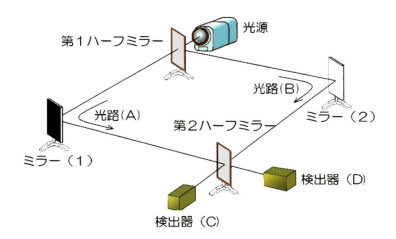

　この実験の巧妙なところは、２つのハーフミラーを用いて、光の粒子性と波動性という二面性がいつどのように生じるのかを露わにしようとしたことです。そのための装置に仕組んだ重要なアイディアは、異なる光路間の光路長の差による位相のずれや、反射による位相のずれを利用して、第２ハーフミラーでの干渉をコントロールできるようにしたことです。

　基準となる装置の配置では、先の図のように、第１のハーフミラーにより光源からの光を、光路(A)と光路(B)のどちらにも50％の確率で振り分けます。このとき、第１ハーフミラーにより振り分けられた光が、波の状態だったのか、光子の状態だったのかがあとの観測結果に影響を及ぼすことになると考えられるのです。

　第１の実験は、次の図のように第２ハーフミラーを置かず

に、光源の光を絞り光子を用いて結果を観察します。予想された通り、第１ハーフミラーにより光路(A)と(B)に分けられた光子は、検出器(C)と検出器(D)で、50％ずつ検出されました。もし、光が第１ハーフミラーを波の状態で通過していれば、光路(A)、(B)にそれぞれ50％に弱められた光に分けられ通過しているはずですが、検出器(C)、(D)では、光源から放出された光と同じ強度の光を粒子として観測したことから、第１ハーフミラーを通過した光は光子であると証明されたのです。

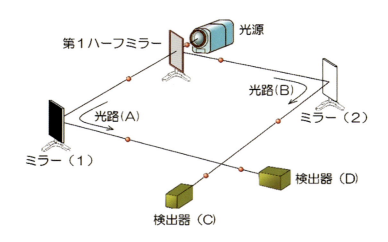

　第２の実験では、次の図のように第２ハーフミラーを設置します。ミラー(1)、(2)と第２ハーフミラーの位置を調整し、第２ハーフミラーで光が干渉するようにします。その後、光子を光源から放出して検出器(C)、(D)で観測したところ、検出器(C)にのみ光が検出され、その光は粒子だったのです。すな

わち、この実験結果は、第２ハーフミラーで干渉現象が起きていなければ説明できない結果だったのです。第１の実験では第１ハーフミラーを通過したとき光子だったことが証明されていたのに、第２の実験では光は波として第１ハーフミラーを通過して、二つの光路を移動し干渉した後に光子に戻ったとしか考えられない結果だったのです。

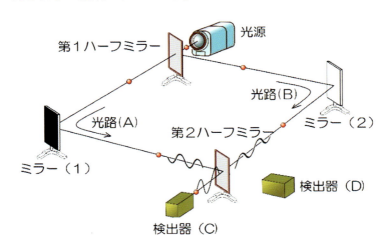

　第３の実験は、第２の実験装置をそのままの位置で使用します。違いは、第２ハーフミラーをあらかじめ置かず光源から光子を放出し、第１ハーフミラー通過後に第２ハーフミラーを設置する場合と設置しない場合とで検出装置の観測結果を比較するのです。
　まず第２ハーフミラーを設置しない場合の実験内容は、第１の実験とまったく同じなので、２つの検出器(C)、(D)には、同

じように50％ずつの確率で光子が検出されました。

　次に、光源から光子が放出された後に第２ハーフミラーを置いたところ、結果は、第２の実験結果と全く同じように、検出器⒞にしか検出されませんでした。光が波として第２ハーフミラーで干渉を生じた結果を示したのです。

　第２ハーフミラーを置かなかったときは、光子の状態で第１ハーフミラー通過し、検出器⒞、⒟で光子として検出されていて、この回路全体を光子の状態で移動していたと考えて矛盾のない結果です。

　そうであれば光子が放出され第１ハーフミラー通過後に第２ハーフミラーを置くまでの光は光子の状態であるにもかかわらず、第２ハーフミラーを通過するときに干渉を示したのです。すなわち、第２ハーフミラーを置くまで光路⒜、光路⒝のどちらかを移動中だった光子が、第２ハーフミラーが置かれたことで、第１ハーフミラーの通過前に遡って波に変化し、第１ハーフミラーで２つの光路に分かれ第２ハーフミラーで干渉を生じたとしか考えられないのです。まるで、光路⒜または光路⒝を通過中の光子が、第２ハーフミラーが置かれたことを察知し、第１ハーフミラーの通過前に遡って波に変身したかのような結果だったのです。人間の第２ハーフミラーを置く行為を、光子が察知して、時間を遡って波という状態を選択し直したようにみえるのです。このことで、遅延選択実験と名付けられることになったのです。

　この実験でも、二重スリット実験の検出器のように、自然は、人間の未来の行動を予知しているように思えるのです。

第三章　量子の運動

5 二重スリット実験の干渉現象を考察してみれば

　二重スリット実験での、スリットの背後に検出器を置いたとき干渉縞が消滅することや、ホイーラーの遅延選択実験の結果をみていると、「自然は、人が観測しようとすることを察知する」という結論に科学者が達してしまうことが必然のようにさえ感じます。人間の脳内活動を察知した自然が事象を決定しているようで、まさしく神の意志ですべてが決まっているかのようです。しかし、この書は、決して宗教書ではない事だけは断言させていただきます。これまでの理解のしかたは、何か（？）が変なのです。

　そこで、この世界を成り立たせている、物質とエネルギーとの関係の見直しを含めて、何が変なのかを紐解いていきたいと思います。まずは、二重スリット実験に戻って考察し直すことにしましょう。

　二重スリットを使った光の干渉実験では、二重スリットの背後で光は干渉し合い、強め合う空間と打ち消し合う空間が放射状にできていました。その放射状の先にあるスクリーン上に、波を強め合った明るい場所と打ち消し合った暗い場所が交互に生じるため干渉縞が形成されると説明されるのです。明快で疑いようのない結論のようで、科学界の常識ともいえる考え方の一つです。

　それでも、常識と確信させるに至った実験内容を精査してみようではありませんか。それでは、まず、干渉という事象をモデル化した図で検証することにしましょう。

39

次の図は、波の強め合いと打ち消し合いにより干渉が生じるようすを表す、簡素化したモデルです。

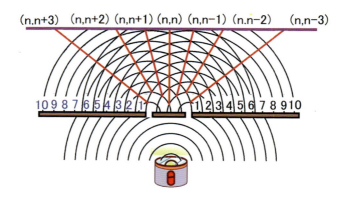

　モデルの図中には、二重スリットを通過した波の山の部分（実線）に、スリットに近い方から順番に番号がふってあります。これにより、左のスリットを通過した何番目の山が、右のスリットを通過した何番目の山と強め合っているのかを確かめられるのです。例えば、左スリットから出た4番目の山が、右スリットからの4番目、5番目、6番目、……、の山と強め合っている空間があることが解ります。その強め合った波が図中の赤線の空間を移動して、スクリーンに到達し明るい部分をつくっているのです。このことから、スクリーン上の明るい部分は、左スリットを通過した波の何番目の山に対し、右スリットを通過した波の何番目の山が重なり強め合ってできたのかを知ることができるのです。このように考えれば、図中のスクリーンで、一番左側の明るい部分は、左スリットを通過したn

番目の波の山に、右スリットを通過した（n+3）番目の波の山が重なっていることが解ります。そこで、スクリーンの明るい部分が左スリットを通過したn番目の波に、右スリットを通過した何番目の波が重なってできたのかを、図中のスクリーンの上部に表記しました。

　この図を眺めていて、何かがおかしいと思われる読者もおられるのではないでしょうか。干渉により強め合っている波は、左右のスリットを出た波の番号と完全には一致していないのです。すなわち、干渉により強め合ったり打ち消し合う光は、異なる時刻に放出された光でもよいのです。

　このことが意味するのは、光を光子として放出したとき、波へと変化したとしても、干渉を起こすためには、光子そのものに時間的広がりがなければならないのです。

　実は、この時間的広がりこそが、光子の二面性という現在の常識に決定的なNO！を突き付けているのです。この干渉の理論を認めることは、光子という粒子に波としての空間的な広がりがあるということ以外に、『時間的な広がりがある』ことを事実として認めざるをえないのです。この二重スリット実験における干渉の解釈は、『異なる波の山の重ね合わせ＝異なる時刻に放出された波の重ね合わせが可能』であることを暗に認めているのです。ところが、この異なる時刻の波による重ね合わせは、光の屈折の理論では、議論の対象にもなっていないのです。このようなことから、光が示す粒子と波の二面性を議論する前に、波そのものの定義、そして存在そのものにまで踏み込まなければ、問題が解決しないことにお気づきになられたと思

います。いよいよ、次の項では、波の本質と存在に迫るための
考察・検証を行うことにしましょう。

6 量子には通り道がある？

　波とは果たして何者なのか。この疑問については、古今東西
で語り尽くされたようにみえます。しかし、水面に生じる波
と、数学的な横波とは似て非なるものであることが解っていま
す。

　先に述べたように、波であり粒子でもあるという光や電子の
二面性を考えるとき、まずは波そのものの存在に目を向けなけ
ればなりません。

　そこで、物質空間中を波と粒子がどのように進んでいくのか
考えてみることにするのです。このような問いかけ方では、何
を問題提起しているのかさえ解らないと思いますが、少し先に
進むまで我慢していただければ幸いです。

　光が空間を移動するとき、光の波は空間に存在する物質によ
る制約を受けながら、空間全体に広がりながら、自らが波とし
てその空間を探るように進んでいく、空間的・時間的広がりを
もつイメージではないでしょうか。

　それに対して、光子という粒子はビリヤードの球のように、
直進により物質との衝突を繰り返しながら進路が決定づけられ
ていく時間的・空間的広がりをもたないイメージではないで
しょうか。とても空間全体の中から、自らが進路を開拓してい
るようには見えません。この両者のイメージの差が、二面性を

第三章　量子の運動

持つとされる光子の理解を困難にしているのです。

　そこで、これまで絶対的真理とされている、光が波として空間を探りながら進む概念を放棄したとき、後にはどのような見方が残るのかを考えてみたいと思います。すなわち、光から波という属性を取り除く、光が波であることの否定です。

　我々にとって波が伝播する空間といえば、物質内部や物質が存在する宇宙空間などを想像されるでしょう。科学者にとっても大きく異なることはないと思います。ただし、相対性理論が主張する４次元の時空については、次の SF 科学論 II で論じることにして、ここで論じなければならない空間には、２種類存在するのです。物質間を隔てている物質空間と、これから明らかにしようとしているエネルギー空間です。

　我々生物を構成するのは紛れもなく物質であり、我々が存在するのは無数の物質が存在する物質空間です。その物質空間で、それぞれの物質どうしはエネルギーでコミュニケーションをとり変化しています。

　その中で、粒子の光エネルギー（光子）は、下図の雪という物質により形作られたコースの中を制約を受けながら進むソリのような存在です。物質空間の中の光子は、物質により進路や移動速度に制約を受けながら、可能な限りの速さで移動を強制されます。まるで、光子（エネルギー）は、速度や進む空間

43

に制約を加えられながらも、決して静止することが許されない孤独な旅人のようです。

　ここで述べた、光が粒子として移動していく、物質により制約された空間こそがエネルギー空間です。しかし、そのエネルギー空間はどこにあり、その痕跡は存在するのでしょうか。それを検証するために、再び二重スリット干渉実験に登場してもらうことにしましょう。

　まず、光を波として考えてみれば、二重スリットの背後で、波の重ね合わせによる新たな波が生じます。その重ね合わされた波の振幅の大きさの絶対値が、光子が移動する溝の深さを表していると仮定し、グレーの濃さで表した模式図が下の図です。

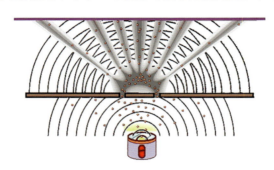

　この深い溝の先に、スクリーン上の干渉で生じる明るい縞があるのです。すなわち、図中の溝が、光子や電子が移動するエネルギー空間であり、溝の深さが光子や電子の観測確率を表すと考えるのです。

　ここで提起した考えは、波の実在を前提としたボルンの「確率解釈」とは根本的に異なり、光子や電子などの量子が、次の

第三章　量子の運動

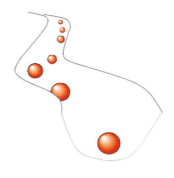

図のような幅のあるボブスレーコース（エネルギー空間）の中をカオス的に移動していくと考えるのです。そのため、エネルギー空間を移動する量子の位置を観測したとき、エネルギー空間の広がりとカオス的な運動のために確率的な結果となるのです。当然、カオス的な光子や電子の運動には、ニュートン力学に登場する慣性の法則は適用できません。

　このように考えれば、光子が左・右どちらのスリットを通っていったとしても、エネルギー空間を通った光子がスクリーン上に干渉縞を形成することは可能なのです。１個の光子が、左・右スリットに分かれて同時に通過するという【状態の共存】は生じる必要がないのです。

　その【状態の共存】という解釈を【事実】と認め、実在する事象と認めてしまったことで、それ以降の素粒子論に大きな影響と影をおとすことになってしまったのです。

　この【状態の共存】は存在しないことが理解されていれば、「多世界解釈」、ましてや、「パラレルワールド（並行世界）」・「ホログラフィック原理」などという発想は起こりえなかったはずです。冷静に考えてみてください。もし「パラレルワールド」が生じ実在するのであれば、宇宙開闢以来、宇宙空間に存在する無数の素粒子一つ一つから、プランク時間ごとに無数の「パラレルワールド」が生じ続けてきたことになるのです。は

たして、このような「パラレルワード」全体にとって、無限とは何を指すのでしょうか。質量・エネルギー保存則の意味とは何なのでしょうか、と思ったりしませんか。

　このように、二重スリット実験で光子や電子が移動するエネルギー空間は、光や電子を波として解析することで明らかにできるのです。すなわち、素粒子が移動するエネルギー空間を探ったり、事象を理解し応用するための手段として、波の概念が【方便】として必要なのです。

　電子のエネルギー空間は、原子核のまわりにも存在します。量子力学では、その空間を電子軌道という電子雲として求めます。しかし、この電子雲という見方は、人間がエネルギー空間を俯瞰的に把握しようとするときの形でしかありません。これも【方便】ですね。それでは、当事者の電子からこのエネルギー空間はどのように映ってみえるのでしょうか。これも【方便】で語ってみようではありませんか。

　たとえば、ある原子の空いている2s軌道に相当するエネルギーをもつ電子に眼があるとします。その電子には、2s軌道という空間世界しか存在しません。ましてや、原子核や他の電子など見ることはできません。人間の観測者から見た電子は、2s軌道という器に捕らわれ、その空間内でカオス的に位置を変え続けるだけの存在かもしれませんが、電子にとってはエネルギーを奪われることのない自由な空間世界です。そして、その電子に励起エネルギーが与えられた途端、電子の眼に入るエネルギー空間の情景は、今までと一変した励起軌道空間となり、励起エネルギーを失うまでは、その空間内を移動し続けること

第三章　量子の運動

になるのです。

　私たちにとって、原子の世界とは、原子核のまわりに電子軌道が幾重にも重なっているにもかかわらず、それぞれの電子は固有の電子軌道を逸脱することなく彷徨っている姿に例えられます。しかし、電子にとってみれば自分のエネルギーに応じたエネルギー空間こそがすべてであり、その空間が一人で彷徨うために与えられた唯一の世界なのです。

　それでは、このエネルギー空間の考えをもとに、先にとり上げた、光子⇔波の間で変幻自在に姿を変えなければ理解できなかった、ホイーラーの遅延選択実験について検証を加えていくことにしましょう。

　ホイーラーの遅延選択実験で、光子が始めに通るエネルギー空間とは、光源から第１ハーフミラーまでのものです。そして、下図の第１ハーフミラーによりエネルギー空間が２方向へ分けられ、どちらかに進むことになります。といっても、光子には第１ハーフミラーなど見えないのでしょうが。

　第１ハーフミラーにより分岐しているエネルギー空間を通った光子は、ミラー⑴またはミラー⑵により角度を変えられ、その先のエネルギー空間を通り第２ハーフミラーへ到着します。光子にとってみれば、次の図の第２ハーフミラーがそれら

47

のエネルギー空間の合流点です。そのとき、２つのエネルギー空間の経路長を調整することで、第２ハーフミラーから先のエネルギー空間を変化させ、検出器(C)に向かうエネルギー空間だけにすることができるのです。これまでの『科学的解釈』では、波による干渉が生じた結果と判断されるものです。

　このように、ホイーラーの遅延選択実験では、光源から始まり、第１ハーフミラー、ミラー(1)・(2)、第２ハーフミラーという物質による、光子に対応する検出器まで繋がるエネルギー空間が潜在的に存在するのです。エネルギー空間の潜在性です。

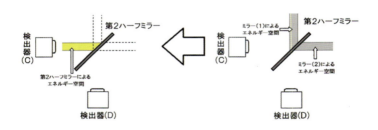

　この実験での、光源から第２ハーフミラーの位置までのエネルギー空間は、光子にとり潜在的でありながらも、第２ハーフミラーの存在とは関係なく既に存在しているといえるのです。そのため、第２ハーフミラーが挿入された時点で、光源からのエネルギー空間は第２ハーフミラーの先のエネルギー空間に引き継がれるのです。

　このように、ホイーラーの遅延選択実験で考察しなければならなかったのは、潜在的エネルギー空間の存在についての検証だったことが解ります。言い方をかえれば、光子が光源から放

第三章　量子の運動

出されていなくても、光路上に存在する物体の配置により、放出される光子のエネルギーに相当するエネルギー空間が、検出器まで潜在的に定まっているということなのです。こう考えると、ホイーラーの遅延選択実験での第２ハーフミラーのはたらきとは、どのようなエネルギーの光子がこようとも、その光子が移動してくるエネルギー空間に応じた次のエネルギー空間を提供することだということが解ります。さらに、この実験を離れてみれば、第２ハーフミラーと呼んでいる物体は、どのような場所に置かれ、どのような方向から、どのような潜在的エネルギー空間が接したとしても、そのエネルギーに応じた潜在的エネルギー空間を提供するだけなのです。

　ここで明確にしなければならないのは、我々がホイーラーの遅延選択実験の解釈で誤りを招いた原因です。その原因とは、光が自発的に時間とともに空間全体をひろがり進んでいく変化だけに意識が向き、すべての物質が潜在的な光路全体を形成しているはたらきに意識が向かなかったことにあるのです。真理の奥底に潜って見直してさえいれば、解決していたはずなのです。単純な手品のようですね。

　タネ明かしをすれば、第２ハーフミラーが最後の潜在的エネルギー空間を決定する権限を持っていたということです。自然とは偉大です。結局、光源から放出された、たった１個の光子が、独断で未来の行動を決定するなどという能力など、持っているはずもなかったのです。さらに明確な表現にすれば、放出された１個の光子にとって、第２ハーフミラーの置かれるタイミングが光子の到達前であれば、第２ハーフミラーの設置のタ

49

イミングにかかわらず同じエネルギー空間を移動するだけのことだったのです。すなわち、この実験での第2ハーフミラーの設置のタイミングは、光子にとって決して未来の事象などではなかったのです。

　そして、エネルギー空間について重要なことを繰り返せば、エネルギー空間とは、空間に存在する物質により形成される、量子専用の潜在的移動空間です。観測する順序により物理量が変化する「非可換性」も、観測がエネルギー空間に与える影響の順序が異なるために生じる差なのです。

　このエネルギー空間は、質量どうしや電荷間の相互作用にも存在します。そのため、力と呼ばれる概念さえ、そのエネルギー空間が閉じているか開いているかにより大きな影響を受けるのです。質量のエネルギー空間のように、決して閉じないものや、電荷のように、異符号間では閉じ、同符号間では閉じないエネルギー空間もあるのです。このエネルギー空間が、ミクロの生命世界やマクロな宇宙進化にはたした大きな影響については、次の SF 宇宙論 II でとり上げる予定です。

　ここで、量子により生じる事象について、これまでの科学認識をもう一度整理しておきたいと思います。量子に関する多くの実験で結果を理解しようとするとき、根本にあるのは場の概念です。「量子が運動した先で起きる事象は、その量子がつくる場の未来で生じる」という考えです。

　それに対して、「量子が運動した先で起きる事象は、先々にある物質と量子のエネルギーによる潜在的なエネルギー空間で生じる」という視点が存在するということです。

第三章　量子の運動

　夜空を見上げたとき、遥か彼方の恒星から到着するのは、その間に存在する天体（物質）が形成するエネルギー空間を移動してきた光子です。光が波や場によるものであれば、遠方にある恒星や星団の光は観測不可能な強度になるはずです。反対に、数十億光年離れた恒星を干渉を利用した望遠鏡で観測したとき、恒星からの光子が数十億光年先で観測される未来を予知して、宇宙空間で波に姿をかえる必要もないのです。

　ここには、アインシュタインの相対性理論への重大なヒントが隠されています。それは、光速度不変の原理を検証するためのものです。これまで解説してきた、物質がエネルギー空間を形成することを、もう一歩踏み込み、「物質」を「観測者と周囲の物質」に置き換えて考えれば、観測者と周囲の物質により、光エネルギーの大きさに応じた固有のエネルギー空間が潜在的に存在しているといえるのです。そのため、エネルギー空間を通る光の速さは、観測者にとって常に一定になるのです。このことから、相対性理論で空間と呼ばれている存在を、明確にしなければならないことが解るのです。すなわち、相対性理論の空間とは、物質空間ではなくエネルギー空間だということです。この内容についても、次の SF 科学論 II で詳しく触れたいと思いますが、このような結論に至るのは、相対性理論がマックスウェルの電磁気論という電磁気エネルギーの理論から派生した結果なのです。

　ここまで述べたように、物質により影響を受けるエネルギー空間を移動する以上、光子や量子は物質空間で直進し続けることは不可能です。すなわち、量子力学とは、量子のエネルギー

51

空間を明確にする理論であり、量子の入る器を明確にする理論なのです。そして、量子の運動を解明する理論ではない以上、量子力学は時間を必要としないのです。

それに対し、古典力学の特徴は、物体の等速直線運動や、重力のはたらく空間での物体の放物線運動を観測してみればよくわかると思います。それぞれの物体が示す運動の軌跡は異なっていても、幅の狭いレール上をたどるジェットコースターが示す軌跡のように明確に解析されます。すなわち、古典力学とは、位置と速度が正確に求められる【因果】の理論体系であり、すべての物体の運動や物体間の相互作用が正確に求めることができる理論体系です。そのため、古典力学は、宇宙空間で生じるすべての未来を予知する【因果】をつかさどる理論ともいえ、この世界は、その【因果】を実行するラプラスの悪魔が支配する世界だともいえるのです。

アインシュタインも似た概念で力学を把握していたように感じます。ところが、量子力学がミクロの世界の扉を開き、原子核まわりの電子の運動は線状ではなく、空間にひろがっていることを明らかにしたとき、さすがの天才アインシュタインも、そのことを事実として認めざるをえなくなったようです。しかし、アインシュタインの頭の中では、電子の運動が原子核まわりの空間にひろがって見えているのは、蚕の繭をみているよう

第三章　量子の運動

なものだと考えていたようです。蚕の繭が一本の生糸でできているのなら、その生糸というジェットコースターのコースを表す理論式さえ導ければ、繭の方程式ができるという考えです。それゆえ、量子力学は、まだ繭を造る理論に達していない、未完の理論だと考えたのです。それほ

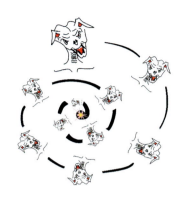

ど、古典力学という観念からの脱出は難しいようです。

　ところが、エネルギー空間から脱出できていなかったのは、科学者だけではなく、ラプラスの悪魔さえも量子と共に迷い込んでしまったようです。ラプラスの悪魔は、自分の未来を明らかにするために、必死に【因果】の呪文を唱えるのですが、カオス世界に翻弄され、ただただ彷徨い続けるしかなかったのです。そして、カオス世界から、突然顔を現しては、消えていくラプラスの悪魔を見つけた神も、茫然と立ちつくすしかなかったのです。

7 ゼロ点振動エネルギー

　エネルギー空間が決して点になることがないということは、事象としても観測されています。代表的な例としては、ゼロ点振動と呼ばれる、素粒子の決して静止することがないとされる

事象です。しかし、よく考えてみれば、素粒子を空間の一点に静止させることが可能だと考えることの方に無理があるのです。空間という、実体のあるボードを用意して、素粒子というメモをそこに留めたいというのであれば、画鋲の一つもあれば静止させることも可能でしょう。しかし、空間というボードがない以上、素粒子を静止させるためには、エネルギー空間を無限に小さくするしか方法がないのです。そして、そのためには、無限のエネルギーが必要になるはずです。

　また、もう一つの誤解は、粒子が運動するためには、エネルギーが絶対に必要だと考えていることにあります。すなわち、エネルギーを与えなければ、粒子は動くはずがないという考えです。エネルギー空間に広がりがある以上、エネルギー空間の中で素粒子がカオス的に動いているように観測されるのは当然のことなのです。

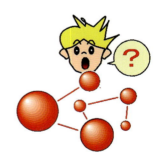

　ここまでくれば、素粒子には慣性の法則などというものがないことがお解りいただけたと思います。慣性の法則とは、多数の素粒子が互いのエネルギー空間により位置を束縛しあうことで、エネルギー空間が狭まり自由度（カオス性）を失っていく

ことで観測されるマクロ世界の事象です。そのため、素粒子の集合した物体の運動は、【因果】に支配されているかのように、数学の手法で精細な結果が予測可能になるのです。それが、相対性理論の世界でもあるのです。

好きな方向へ動けるわ
自由度大

皆の動きが一致した方向だけ
自由度小

このように、素粒子論とは、素粒子が運動するカオス的で幅のあるエネルギー空間という器を探るものなのです。そのため、私たちがそのエネルギー空間を観測しても、量子が運動する軌跡を明確にできない【因果】を拒否した世界がそこにあるのです。人間にとって時間の支配を逃れた確率に頼らなければならない不確定な世界です。このように、素粒子論の世界は、【因果】の法則が支配する相対性理論とは、理論の住む世界が根本的に異なっているのです。

8 シュレーディンガーの猫・【事実】と観測

ここまで、【状態の共存】や「波動関数の収縮」「多世界解釈」「波の存在」を否定してきた以上、シュレーディンガーの猫についても触れておかねばなりません。当時の量子力学で

は、ミクロな世界で【状態の共存】にあるものは、観測されることにより、1つの状態になる「波の収縮」が引き起こされると考えられていました。ところが、「素粒子の『波の収縮』は、結果を人間が脳内で認識したときに起きる現象だ」という考えが提唱されたため、シュレーディンガーが反論のため考案した思考実験がシュレーディンガーの猫です。それは、「波の収縮」は【状態の共存】の解消によるものであり、観測という人間の脳内の認識によるものではないことを証明するためでした。

　といっても、シュレーディンガーの猫は、原子核の確率的崩壊・【状態の共存】・観測・生命体の生死・「波の収縮」・脳による認識というミクロ世界からマクロ世界にわたる科学的解釈の宝庫ともいえる複雑な思考実験です。そのため、誤ることを覚悟の上で、思考実験から【状態の共存】以外の問題点を整理することから、取り組んでみたいと思います。

　この実験では、ある時間内で原子核崩壊により50％の確率でα線が放出される放射性原子を用意します。この放射性原子は、ある時間内で崩壊した状態と崩壊していない状態が共存する、【状態の共存】にあると考えます。この【状態の共存】の概念は、光子を用いた二重スリットの干渉実験で生まれたもの

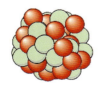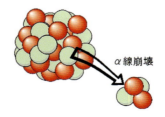

です。放出された1個の光子が、左スリットを通過した状態と右スリットを通過した状態の両方が共存していなければ、干渉縞が生じることを説明できないことから生みだされた考えでした。しかし、両者の【状態の共存】が同じ事象と考えてよいのかは検討してみなければ解りません。その点については、後ほど考察することにしましょう。

　実験装置は、α崩壊する放射性原子、α粒子を検出する放射線検知器、放射線検知器の電流によりハンマーを作動させるモーター、毒ガスが発生する薬品の入った瓶により組み立てられています。その実験装置を、扉を閉め密閉した箱の中に1匹の猫と共に入れ、下図のようにα崩壊により最終的に発生する毒ガスが、猫を死に至らしめるようになっているのです。

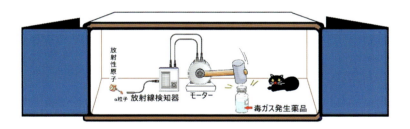

　ここで、この実験が残酷だと決して言わないでください。あくまでも空想上の思考実験なのですから。

　とにかく、シュレーディンガーはこの思考実験により、箱の扉を開けた観測者が脳で認識する以前に、【状態の共存】の解消による「波の収縮」が生じたことを証明したかったのです。

　そこで、思考実験の人間が観察する前までを、【因果】の関

係から確認し段階を追って整理すれば、放射性原子の原子核崩壊の【事実】から始まり、次表のようになります。

段	物質・物体	因果	原因	結果	ミクロ・マクロ	確率
1	放射性原子	×	時間？	α粒子放出	ミクロ	50%
2	放射線検知器	○	α粒子	電流発生	ミクロ	100%
3	ハンマー（モーター）	○	電流	ビン破壊	マクロ	100%
4	ビン	○	破壊	薬品流出	マクロ	100%
5	薬品	○	流出	毒ガス発生	マクロ	100%
6	猫	○	毒ガス	死	マクロ	100%

　まず、第１段階で生じた【事実】は、ミクロ世界での放射性原子の原子核崩壊です。この【事実】は原子核からα粒子がトンネル効果により飛び出す、時間に関係する確率的事象なので、仮に時間により引き起こされた事象としておきます。

　第２段階以降は、放射線検知器の検知→ハンマー（モーター）作動→ビン破壊→薬品（毒ガス発生）→猫の死という100％の確率で連鎖する、すべてに【因果】関係がある事象です。このように、この思考実験は、【因果】の視点で見れば、２つの異なる事象が組み合わされてできているのです。

　一つは、第１段階の【因果】のもとがいつ生じたのかわからない、現在の科学では、数学的確率概念でしか表せない事象です。この数学的確率概念については後ほど確認したいと思います。

第三章　量子の運動

　それに対して、二つ目の第2段階以降は、事象を引き起こしたもとが存在し、それぞれいつ生じたのか【因果】が明確な事象です。

　そのため、第2段階以降の結果は、【因果】が明らかでない第1段階の確率的な結果を引き継ぐこととなり、最終的な猫の死がいつ生じたのかを明らかにしようとしたとき、第1段階の確率から離れられなくなったのです。

　このような思考に至るのは、量子論が抱えている大きな課題である、【事実】と観測の間に横たわる意識されていない問題が存在するからなのです。

　人間が生み育んできた科学という論理は、物質空間の【事実】からのエネルギーを、時間と空間を隔てた人間の感覚器官や機器で受け取った観測結果をもとに、その事象に存在する【因果】を解明することから始まっています。

　すなわち、観測とは【事実】からのエネルギーを機器が受け取ったことを指すのか、その観測機器からのエネルギーを感覚器官が受け取ったことを指すのか、さらに、感覚器官からの信号を脳が情報として認識したことを指すのか明確ではないのです。そのため、この思考実験の始まりにある、崩壊したかどうかがわからない放射性原子の【状態の共存】が、脳の認識まで続くことを許容することになったのです。

　コペンハーゲン解釈では、ミクロ世界の原子核崩壊が観測されるまでの間は、崩壊している状態と崩壊していない状態が確定しない【状態の共存】にあることから、人間が観測するまでは猫の生死も確定せず、50％生、50％死という【状態の共存】

59

にあるとしたのです。

しかし、ミクロ世界の放射性原子が崩壊した、崩壊していないという思考実験での【事実】の観測は、確率的に放出されたα粒子により観測機器で生じた【事実】が始まりであることは確かです。

そこでは、観測という事象で【事実】から放出されたエネルギーを受け取ったのが機器なのか人間の感覚器官なのかにより異なっているように思えますが、どちらもそのエネルギーを受け取っているのは、物体や細胞を構成している素粒子に他なりません。すなわち、観測という事象は、狭い定義でみれば人間の認識に対する人間が定めた用語にすぎず、広い定義でみれば素粒子間でのエネルギーの授受を指すのです。

【事実】とは、人間の認識とは全く関係のない物質空間で生じた事象です。そして、我々人類も、宇宙開闢以来、何も語らず無限ともいえる【事実】という変化に満たされ続けてきた結果ここに存在しているのです。

次に、【状態の共存】の確率概念を理解する上で、理論的根拠となるエルゴード仮説について触れてみたいと思います。

そのエルゴード仮説は、1個の放射性原子が放射線崩壊を起こす確率は、用意した放射性原子の総数の中で崩壊した数の割合に等しいと定義します。たとえば、ある時間内に、放射性原子の50％が崩壊したとすれば、その放射性原子を1個だけ用意したときその時間内に崩壊する確率を50％とするのです。

したがって、その時間内で崩壊している状態（50％）と崩壊していない状態（50％）が１個の放射性原子に共存する、【状態の共存】にあるとしたのです。

　そして、扉を開け観測した瞬間に猫の生・死が確定した結果が、すでに生じていた放射性原子の【事実】に遡ることで、０％（崩壊していない）か100％（崩壊している）のどちらかに確定する、「波の収縮」という確率が急変する事象になるのです。生・死を観測する前に『予測』にすぎない確率概念が、観測という事象が生じた瞬間に現実への脱皮を要求されるのです。

　このことから、【状態の共存】とは、観測のできていない確率的に生じる【事実】を、『予測』した姿だと解ります。

　それでは、【状態の共存】が二重スリット実験とシュレーディンガーの思考実験で同じ概念なのかという残された課題について考察し、結論に移ることにしましょう。

　二重スリット実験での【状態の共存】は、光子や電子が空間の異なる場所に同時に存在する事象です。それに対し、シュレーディンガーの思考実験の【状態の共存】は、異なる状態の放射性原子が空間の同じ場所で同時に存在する事象に変わっています。そのため、シュレーディンガーの思考実験では、α崩壊が生じて【状態の共存】が解消される事象に、時間をともなう確率概念が内包され独り歩きし始めたのです。その結果、生・死という状態の異なる猫が空間の同じ場所で同時に存在することになり50％生50％死という化け猫の存在を【事実】化しなければならなくなったのです。このように、物質空間で生じ

ている【事実】の観測結果と確率理論を【因果】という接合剤で結合させ、『予測』確率を【事実】化させる手法を科学は手に入れてしまったようです。現代科学に潜む大きな錯誤の一つがそこに在るのです。

　結論です。シュレーディンガーの猫という思考実験の答えは、すごく明確です。【状態の共存】からみれば、【状態の共存】そのものが現実の物質空間に【事実】として存在しない以上、50％生50％死という化け猫は存在しません。【事実】として猫に生じる事象は、医学的見地での厳密な生・死判定を離れて言わせていただければ、０％（死）か100％（生）という２つに１つしか存在しないのです。したがって、扉を開けて猫に生じている【事実】からのエネルギーを得るまでは、人間による観測という事象は存在せず、扉を開けるまで猫の生・死は『判らない』のです。

　科学者には、『判らない』と断定する勇気が必要です。『判らない』ということと【事実】が生じていないこととは同等ではないのです。『予測』という確率世界と【事実】世界には、概念世界と現実世界という根源的な違いが存在するのです。測定できていない確率世界の事象に、科学が【事実】を確定させられると考えることに無理があるのです。

　ここまで長々と述べてしまいましたが、光子を用いた二重スリット実験やホイーラーの遅延選択実験の考察での視点が、今日までの視点と異なっていることに気づかれたと思います。それは、素粒子の挙動に関して、とても荒く古い視点で言わせていただければ、西洋的とか東洋的とかで分別されるような科学

視観の根源的異なりです。西洋的科学視観では、素粒子一つ一つがすべての力やエネルギー、運動などを属性として背負うことを要求します。フロンティアスピリットを体現させる粒子像で、最新の超ひも理論におけるひものような存在です。それに対し、東洋的科学視観では、素粒子は周囲の物質により形作られ与えられているエネルギー空間で活動しているのです。その与えられた環境世界を最大限に生かしきる素粒子の姿です。

　ここで、前書きの、【事実】と観測と『真理』を再び。

　観測とは、我々が生存しているこの宇宙の中で生じた【事実】からのエネルギーを、情報として受け取ることです。そして、『真理』とは、観測で得た情報をもとに、【事実】を類推する人間が構築した【方便】としてのモデルや理論です。すなわち、『真理』として科学者により説明されるモデルや理論は、決して【事実】そのものではありません。

　にもかかわらず、【方便】としての『真理』を【事実】と断定してしまうことに対する危惧が、科学という学問に対して、常に突き付けられていることを忘れてはなりません。

　そして、ポアンカレが語った、削ぎ落とされ体系化された論理の限界を意識しなければ、数学や科学の真の姿は見えてこないはずです。ましてや、ピタゴラスのように、数学を絶対視して、神格化・宗教化してはいけないのです。宇宙は、数学の言葉で語ることはありません。しかし、【方便】の一つでしかない数学なくして、宇宙の真の姿に迫ることなどできないのです。このことを自覚することこそ、真摯な探求のもっとも大きな力となれるのですから。

次の SF 科学論 II では、相対性理論やエントロピー、空間・時間の新たな姿を探求しながら、宇宙誕生の謎をひもといていきたいと思います。

　それでは、SF 科学論はここまでとして、次は SF 数学論に移りたいと思います。今回は、P 対 NP 問題の例として取り上げられることの多いハミルトン閉路問題の一例を、無個性の点集団ではなく、点が形成する個性あるセグメントとして見出しながら問題の解決を模索することにします。

　また、そのあとの素数論では、自然数の世界を性質の異なる偶数世界と奇数世界に分け、素数の難問とされる問題に取り組んでみたいと思います。

　読者の方が数学に挑むとき、この本の内容が何らかのヒントになれば幸いです。

　それでは、SF 数学論のスタートです。

第四章　SF数学論 I

■ P対NP問題〈ハミルトン閉路問題は、NP問題か？〉

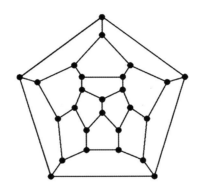

　上の図は、P対NP問題でよく例に出されているハミルトン閉路問題の１例です。ご存じの方も多いと思います。先日、NHKの放送で、初めて目にしたので、私なりに解いてみました。
　まず、この問題は、さまざまな図形が組み合わさっているので、簡素化することが必要です。ここでは、以下の６つのステップで解いていくことにしました。
❶
　今回のハミルトン図を、外部の五角形の中に迷路が組み合さっている２つのセグメントからなる形として位置づけること

で、右の図のように、外部の五角形と内部迷路を外部五角形セグメントと内部迷路セグメントとして切り分けて考えることにしましょう。ただし、ここで使用している"迷路"とは、決して交差することがない路のことであり、今回は、その迷路を行路として探訪するかたちで解答を導き出していきたいと思います。

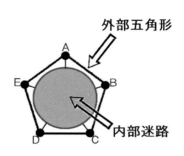

❷

このハミルトン図に閉路が存在する場合、始点（終点）は、外部五角形の頂点に限定してもよいはずです。なぜなら、その閉路は、必ずすべての点を通っているはずですから、始点は、ハミルトン図にある26のどの点でもよく、始点を26の点のどこか1つの点に限定したとしても結果は同じになることを意味しているからです。そうであれば、始点を特徴的な点に限定して考える方が、同じ行路を幾度も重複して検討するような誤りを避け易くもなるはずです。ここでは、初めに記したように、その始点（行路の出発点）を外部五角形の頂点A〜Eのどこかに置くことにしました。

❸

まず、閉路が存在するときの、外部五角形のセグメントが

もっている特徴について検証していきたいと思います。一つ目の特徴は、外部五角形の頂点（例えば図中Ａ）から出発するとき、次に到達する外部五角形の頂点は、必ず外部五角形で隣接している頂点（図中ＢまたはＥ）になるということです。

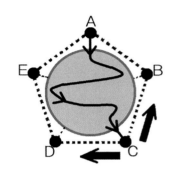

　なぜなら、例えば、外部五角形の頂点Ａから内部迷路だけを通り、外部五角形で隣接していない頂点Ｃに到達したとすると、図のように、Ａと隣接する頂点Ｂ、Ｅのうち、どちらか一方が、Ａ〜Ｃの内部迷路行路により分断され、閉路に含まれなくなるという矛盾が生じるためです。

　当然ながら、外部五角形の辺を通って移動しようとすれば、隣接した点にしか到達できません。

❹
　二つ目の特徴は、外部五角形の頂点から、内部迷路を通り隣接する外部五角形の頂点に達した後、内部迷路に２度連続して侵入することはできないということです。当たり前のことなのですが、外部五角形の頂点と内部迷路は一つの点で繋がっているだけなので、その点を通って内部迷路から頂点に達した後、再び内部迷路に入ることは、一つの点を２度通ることになるために不可能なのです。このことは、外部五角形の５つの辺

で、２つの辺で連続して内部迷路を通るパターンが無いことから、外部五角形の辺を移動するパターンは、今回のハミルトン図が左右対称であることを考慮すれば、次の６通りに限られてくることになります。このうち、外部五角形の４つの辺を通るパターン（２頂点間の行路が１回だけ内部迷路を通過するケース）は、下の図の３つのパターンしかありません。そのとき、内部迷路が閉路であれば、一筆書きの迷路として通過していくことになります。また、外部五角形の３つの辺を通るパターン（２回内部迷路を通るケース）は、下の図の３パターンになります。このとき全体として閉路になるとき、内部迷路には、２つの分割閉路が存在し、二筆書きの迷路を通過していくことになります。このように、外部五角形から内部迷路をみたとき、合計で６つのパターンについてだけ考えればよいのです。繰り返しますが、❶で触れたように、ここでの、"迷路"は、決して交差することのない行路のことです。

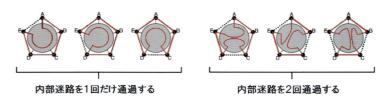

内部迷路を１回だけ通過する　　　内部迷路を２回通過する

❺

ここまでで、外部五角形セグメントの性質についての検討が終わりましたので、次に、手をつけずにいた内部迷路セグメントの検討に入りたいと思います。ここで重要なのは、内部迷路

の性質を調べるためには、下の図のように、内部迷路の点を水平・垂直の線でつなぎ直し表現することで、行路内の左右・上下の移動が、他の行路に与える二次的な変化を明確化できるようにすることです。このことにより、外部五角形セグメント内での頂点間移動により生じる、内部迷路内での行路制限、小さな行路セグメントの発生や行路の消滅、迷路内での左右、上下移動や移動に必要な往復のための行路などを２次元的に明確化でき、迷路内の移動を動きとして解明できるようになったのです。

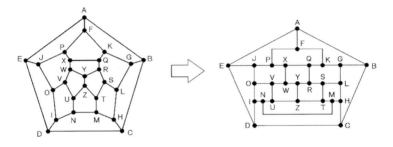

❻

以上で、準備が整ったので、❺の図形に❹の五角形セグメント内の行路パターンを当てはめて、実際に内部迷路で閉路を完成させることができるのかどうかを確かめていくことにしましょう。ここでは、外部五角形セグメント内での頂点間移動が、内部迷路にどのような影響を与えるかも体験してください。そうすれば、これらの方法論が、このハミルトン閉路問題解明の糸口となっていることを明確に証明してくれると思いま

す。行路移動の組み合わせからしか閉路が導かれないため、解は確率的で偶発的にしか手に入らない問題（NP問題）だとする従来からの固定概念から、この手法が解放してくれることも、体験していただければ幸いです。

❼

　それでは、いよいよ具体的に、外部五角形の2頂点間の移動が1回だけ内部迷路を通る場合について検証をしていくことにします。ここでは、閉路が形成される場合と形成されない場合の両方をみていきたいと思います。このとき、当然のことなのですが、閉路があると仮定して進めていかなければなりません。そして、この探求を、ある2点間の行路の環境が他のすべての点間と同じであるとして進めていってしまえば、この問題をNP問題化させてしまうので、点の置かれている環境に神経を払わなければなりません。ある行路を移動していく変化が、全体の行路に必ず影響を与える変化であることを見逃す行為は、波を絶対的な真理と認め続けてきたことで、他への新たな波及を消滅させ、その結果、科学者を、残された方法論としての【解釈】に頼る状況に追い込んでしまった行為と重なってみえてしまうのです。二重スリット実験やホイーラーの遅延選択実験で、物質の存在がエネルギー空間に影響を与えていることに気づき、そこから新たな可能性を探求することが、より多くのことを理解できるようになることと同じだと思います。見方を変えることによる世界の見え方の変化を愉しんでみてください。それでは、無駄話が過ぎましたので、閉路が形成されてい

く例として、Ｃ－Ｄ間の移動が内部迷路内で揺らぎのない必然性の上に、いかに形成されていくかを体験していただき、そのあとで、閉路が形成されない例として、Ａ－Ｅ間での内部迷路内の移動を検証してみたいと思います。

その検証後、内部迷路を２回で通過する例も検証していきたいと考えていますが、私がここで行いたいのは、論文を書くことではありません。すべてにわたって検証結果を記載することはしませんので、皆さんは、これから繰り広げられる方法論と、最後に掲載した図を参考に、ぜひとも閉路探求にチャレンジしてみてください。

それでは、Thinking time の始まりです。

①外部五角形頂点Ｃ－Ｄ間の移動だけが内部迷路を通る場合

１

外部五角形の頂点間の行路Ｃ→Ｂ→Ａ→Ｅ→Ｄと頂点Ｃ、Ｄから内部へと通じる行路Ｄ→Ｉ、Ｈ→Ｃは、次の図のように確定している。

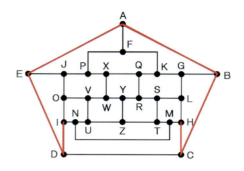

2

　この確定した行路により、A、B、E点での行路E－A－B、A－B－C、D－E－Aは、各頂点でのA－F、B－G、E－Jの行路を消滅させる。その行路消滅は、FでのP－F－K、GでのK－G－L、JでのO－J－Pの各行路を確定させることになる。これが、誕生した小さなセグメントです。

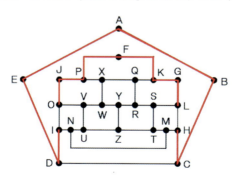

3

　ここで確定した行路は、さらに行路の消滅とそれによる行路の確定を連鎖的に生むことになる。これ以降、この繰り返しになるので、最小限の表現にとどめることにする。消滅する行路は、Ｐ－Ｘ、Ｑ－Ｋで、Ｗ－Ｘ－Ｑ－Ｒの行路が確定するのです。

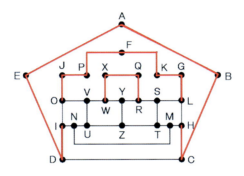

4

　このとき、このハミルトン図は左右対称なので、Ｙを通る行路はＷ－Ｙ－ＺであってもＲ－Ｙ－Ｚであっても同等となり、ここではＷ－Ｙ－Ｚを選択することとします（蛇足になりますが、Ｗ－Ｙ－Ｒは閉路になるので選択できません）。

　結果として、Ｙ－Ｒ、Ｖ－Ｗの行路が消滅し、Ｒ－ＳとＯ－Ｖ－Ｕの行路が確定しました。さらに、このことにより、Ｏ－Ｉの行路が消滅することとなり、Ｉ－Ｎの行路も確定するのです。

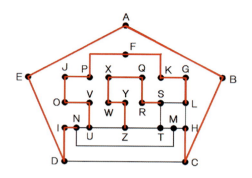

5

　さて、ここまででは、まだ、H、M、T、Z、U、N、S、Lの各点での行路が未定で、それらの行路には、多数の選択肢が存在するように見えます。しかし、どの点でも選択肢は2通りで、閉路が存在するのであれば一つの点での2通りの行路だけを考えればよいのです。仮に、Zで行路を選択しましょう。ZでのZ－Uを行路(a)、Z－Tを行路(b)とし、まず、行路(a)を選択します。行路Z－T、N－Uが消滅し、行路N－M、S－T－Mが確定します。このことは、行路S－L、H－Mを消滅させ、最終的に、行路L－Hを確定させます。このように、すべての行路が確定したとき、この行路は、閉路を形成しているのです。

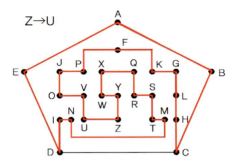

6

　このように、閉路が存在していることが論理的に証明されるのです。しかし、ここで安心してはいられません。行路(b)の検証が残っているのです。それでは、行路(b)に進んでみましょう。Ｚ－Ｔの行路により、Ｚ－Ｕの行路が消滅し、Ｎ－Ｕの行路が確定します。このことは、Ｎ－Ｍの行路の消滅とＨ－Ｍ－Ｔの行路を確定させ、最終的に行路Ｔ－Ｓ、Ｈ－Ｌの消滅と行路Ｓ－Ｌを確定させます。したがって、この行路(b)を選択したときにも、閉路が形成されるのです。

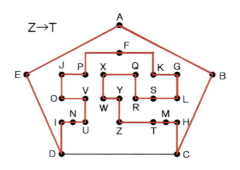

　このように、C−D間だけ、移動が内部迷路に入る場合、閉路が形成されるケースが2通り存在するのです。

　このように、外部五角形での行路が内部迷路に影響を与え、小さなセグメントを形成していたことがお解りいただけたと思います。内部迷路が影響を受け生じたセグメントは、迷路内の他の行路に連鎖的に影響を与えることにより、小セグメントを生じさせ続けていたのです。このように、今回のハミルトン図での閉路問題は、数学的で無機的な行路の組み合わせを列挙することで確率的に解が求まるNP問題ではなく、選択による影響を論理的に解明していくことにより解を求めることができるP問題だったのです。

②外部五角形頂点E−A間の移動だけが内部迷路を通る場合

1

　外部五角形の頂点間の行路A→B→C→D→Eと頂点A、E

から内部へと通じる行路A→F、E→Jは、下の図のように確定している。

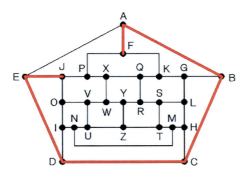

2

　この確定した行路により、B、C、Dでの行路B－G、C－H、D－Ｉが消滅し、行路K－G－L、L－H－M、N－Ｉ－Oが確定するため、行路K－G－L－H－Mの確定により行路S－Lが消滅、行路R－S－Tが確定する。

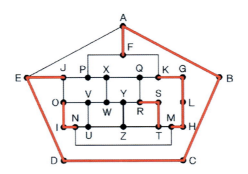

3

　ここで、行路A－Fから先の行路を仮に確定させ、他の行路にどのような変化を促すかを確認することにする。そのために、まず行路F－Kを選択し検証した後、行路F－Pを選択することですべての検証を終了する。

　それでは、まず行路F－Kから始めましょう。

　その行路は、行路Q－Kと行路F－Pを消滅させ、行路X－Q－R、J－P－Xが確定する。行路J－P－X－Q－R－Sの確定により、行路J－O、X－W、Y－Rが消滅し、行路O－V、V－W－Y、Y－Zが確定する。

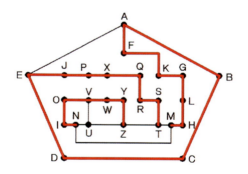

4

　行路O－V－Wにより行路V－Uが消滅し、行路N－U－Zが確定することになる。しかし、この行路N－U－Zは小さな閉路N－I－O－V－W－Y－Z－Nを形成することになる。以上のことにより、このケースでは、全体の閉路は形成できない。

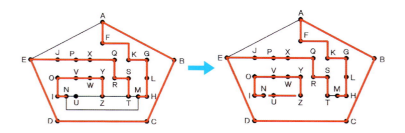

5

 次に、もう一つのケースとして、行路A-Fの先にある行路F-Pを選択し検証します。

 まず、行路F-Pにより行路F-Kが消滅し、行路Q-Kが確定します。このとき、行路P-Jを選択すれば、A→Eへと直ちに抜け出してしまうため、内部迷路内で完全な閉路は形成できない。そのため、行路P-Jは閉路内には存在しないはずなので消滅させる。したがって、行路P-Xが確定し、行路P-Jの消滅により、行路J-Oが確定する。

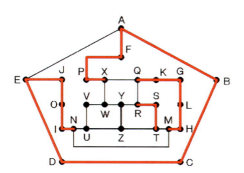

6

　行路Ｊ－Ｏ－Ｉにより行路Ｗ－Ｖ－Ｕが確定する。

　ここで、行路Ｑ－Ｒを選択すれば、行路Ｑ－Ｘが消滅するため、行路Ｘ－Ｗが確定し、点Ｙは孤立してしまうことになるので、選択できない。したがって、行路Ｑ－Ｘが確定し、行路Ｑ－Ｒ、Ｘ－Ｗの消滅と行路Ｒ－Ｙ、Ｕ－Ｖ－Ｗ－Ｙが確定する。

　しかし、その結果、行路Ｔ－Ｚ－Ｕが確定することになり、その行路によりＴ－Ｚ－Ｕ－Ｖ－Ｗ－Ｙ－Ｒ－Ｓ－Ｔという閉路を形成してしまうので、このケースでは全体としての閉路は形成できない。以上により、Ａ－Ｅ間だけ、内部迷路を移動したとき、閉路を形成することはできない。

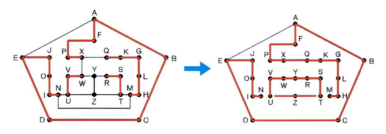

　閉路形成の検証において、外部五角形の２頂点間だけの移動だけが内部迷路を通る場合は、もう一つのＢ－Ｃ間でも行われなければ完全なものにはならないのですが、この場合も、これまでの手法で誰でも簡単に検証できることであり、論文を書くことが目的ではないので、割愛させていただきます。結論としては、閉路は形成されませんでした。ぜひ、チャレンジしてみ

てください。

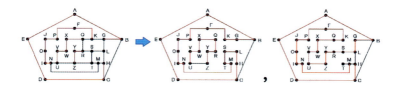

❽

さて、❹で触れたように、外部五角形の接していない２辺間で内部迷路を通ることでも、閉路が形成できる可能性があります。そこで、その検証例を、Ｂ－Ｃ間で一例だけ取り上げて解説することにします。当然ながら、その２辺の組み合わせは、対称性を考慮すれば、Ｂ－Ｃ間とＡ－Ｅ間、Ｂ－Ｃ間とＤ－Ｅ間、Ｃ－Ｄ間とＡ－Ｅ間という３つの組み合わせが存在します。ここでは、Ｂ－Ｃ間ということで、Ｂから内部迷路を通りＣに達するとき、全体の閉路がどのように形成されていくかの検証を行うことにします。

当然ながら、先ほどの組み合わせの一つ一つを限定して検証したほうが、圧倒的に検証しやすいのですが、Ｂ－Ｃ間による行路が他の行路に与えている影響を確かめることを目的に進めたいので、お付き合い願いたいと思います。

1

まず、Ｂ－Ｃ間について始めようと思いますが、当然ながら、このステップは、あらかじめ内部迷路を２つに分割するこ

とから始めなければなりません。そして、BからCへの経路が全体の閉路に寄与するためには、孤立する点ができないように分割する必要があります。では、どのように決めていかなければならないのかということから始めていきたいと思います。

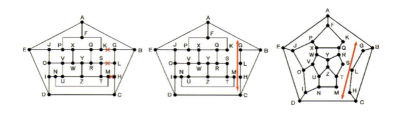

　上図のように、もっとも単純な例から始めます。行路G－K、L－S、H－Mを分断し内部迷路を分割させることで、BからCへの最も短い内部迷路路（B→G→L→H→C）ができます。このような分断の仕方で気をつけなければならないのが、右の図の点Rのように、3つの行路のうち2つを分断して、Rを片道だけの状態にして孤立させてはならないということです。これでは閉路は、絶対形成できません。そのことにさえ注意を払え

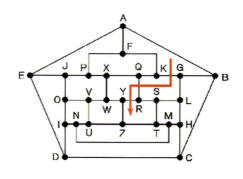

ば、幾通りかの分割が可能になります。

2

　それでは、1で述べたように、BからCへの内部迷路の行路を具体的に最短行路に決めて、いざ内部迷路に出発しましょう。下の左図のように内部迷路を分割したとき、消滅した行路が生じ、下の右図のように、行路F－K－Q、R－S－T、T－M－Nが確定する。そのために消滅した行路T－Zにより行路Y－Z－Uが確定します。

　また、この場合には、頂点Aから内部迷路を通ったときにも、頂点Dから内部迷路を通ったときにも、閉路が形成されるためには、必ず頂点Eに出てこなければいけないので経路E－Jが確定します。

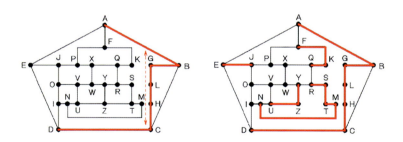

3

　ここで点Jについてみれば、J－Oの行路とJ－Pの行路が存在します。それぞれについて検証する必要があるので、まず、J－Oを選択した場合を検証します。

　それでは、行路J－Oを選択。行路J－Pが消滅し、行路X－P－Fが確定し、行路A－Fが消滅するので、行路A－E

と、頂点Eから内部迷路を通って到達する頂点がDとなるので、行路D-Iが確定する。

4

　行路X-Qは、小さな閉路を形成するので、行路X-W、Q-Rが確定し、行路X-Q、Y-Rは消滅します。その消滅により、行路W-Yが確定し、行路V-Wの消滅が行路O-V-Uを確定させることで、行路N-Uの消滅と行路N-Iが確定し、全体の閉路が形成された。

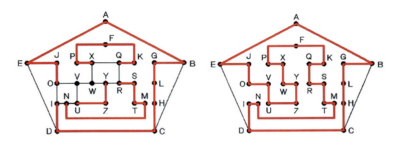

5

　それでは、残っている行路J-Pの選択による検証に移りたいと思います。

　この行路を選択することで、行路J-Oが消滅し、行路I-O-Vが確定します。このとき、X-Wは必ず通る必要があるので確定する。しかし、点Pについてみれば、行路P-Xと行路P-Fがあり、それぞれの行路について検証する必要があります。

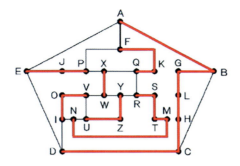

6

　まず、行路P－Xを選択したときの検証を次の図に示した。行路P－Xの選択は、行路P－F、X－Qを消滅させ、行路A－F、Q－Rを確定させる。同時に、内部迷路に入れなくなったため行路D－Eも確定させ、行路D－Iが消滅する。さらに、行路I－N、V－U、W－Yが確定する。そのとき、行路V－W、N－U、Y－Rも消滅している。以上により、全体で閉路が形成される。

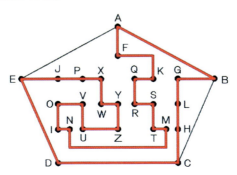

次に、残っている行路Ｐ－Ｆを選択したときの検証を下の図に示す。行路Ｐ－Ｆの選択により、行路Ａ－Ｆが消滅し、行路Ｑ－Ｘ－Ｗが確定する。このことにより、内部迷路に入れるのは、Ｅ－Ｄ間となるので、行路Ａ－Ｅ、Ｄ－Ｉが確定する。その確定により、行路Ｉ－Ｎが消滅し、行路Ｎ－Ｕの確定、行路Ｕ－Ｖの消滅へと続く。このとき、残っている行路Ｖ－Ｗと行路Ｙ－Ｒは、どちらを選択しても閉路を形成させることはできない。

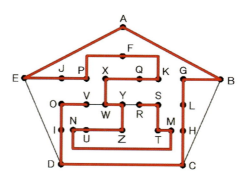

7

　以上により、外部五角形の頂点Ｂ－Ｃ間をＢ－Ｇ－Ｌ－Ｈ－Ｃという内部迷路を通過するとき、全体で閉路を形成することができるのは２通りあることが解る。このようにして、内部迷路を正しく分割させることにより、全体として閉路が形成できるかどうかを検証することができるのです。このようにＢ－Ｃ間で検証を行うことは、それに対するＤ－Ｅ間、Ａ－Ｅ間との検証になるので、残りは、Ｃ－Ｄ間に対するＡ－Ｅ間の検証で

第四章　SF数学論 I

すべてが終了することになります。その証明についても、申し訳ないのですが割愛させていただきます。もう、どなたにとってもハミルトンの閉路問題は、決して NP 問題ではなくなっているはずですから。

❾

　今回のこの手法により、誰でも短時間のうちに、解を求めることが可能になったと思います。上記の結果を含めて、閉路の全完成図は次ページに記しました。分類して検証した結果、外部五角形の２辺間で内部迷路を通る閉路完成例は、８種類、外部五角形の１辺間のみ内部迷路を通る閉路完成例は、２種類だと判明しました。ご自身でも確認していただければと思います。

87

内部迷路を1回のみ通過してできる閉路

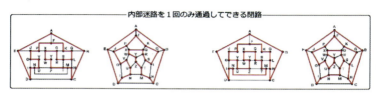

内部迷路を2回通過してできる閉路

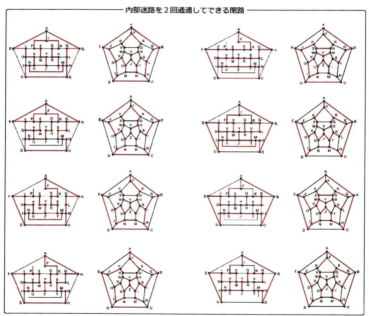

第四章　SF数学論 I

② 素数論　〜素数の秘密と奇数世界〜

　素数のことを、数学界では、科学分野の元素に例えて議論されることが多いようです。しかし、構成要素に目を向ければ、元素と素数は根本的に性質が異なるものです。元素は小さな構成単位の集合物であり、構成単位にはない性質を示す構造物です。しかし、素数は 1 と自分だけを構成単位とする数であり、自分以外の構成単位は存在しません。しかも、素数は自然数の中に無数に存在するにもかかわらず、自然数の中から素数を簡単に求める方法が未だにみつかっていないのです。互いの間に規則性のない素数は、自然数という砂漠の中から偶然に発掘される、散在している遺跡碑のようです。

　人間が、記号から番号へと認識を変化させ、量へと数の理解を拡げたとき、数の足し合わせというきまりは確かな法則性を持っていました。その後、数を束ねて大きな数を扱えることに気づいた人間は、束という桁の概念と同時に、掛け合わす積という手法を手に入れたのです。この時、束にする数は、より小さな同数の束に分けることができる数が生活上重宝されたのでしょう。12進法や10進法の発明がそのよい例です。ここで、素数は掛け算で表せないてごわい数でありながらも、掛け算を担う重要で基本的な数としての地位を確立したのです。

　この素数の神秘に迫ろうとした数学者として、筆頭に挙げられるのはオイラーではないでしょうか。彼は、自然数の並びの中に突然姿を現す素数が、円周率と強い関連性があることを見出したのです。そのあと登場したガウスの対数と素数階段とを

89

結びつけた着想は、ネイピア数eと素数との関係にひそむ深い世界へと数学者を誘うことになったのです。

①素数階段に隠された秘密

　しかし、いつの時代においても、打ち立てられた理論体系が強固であればあるほど、その体系から抜け出すことを困難にしてきたのも事実です。そのため、素数について論じるためには、自然数の中に素数が『突然出現する』とか、素数の『階段を上る』、素数には明らかになっていない『隠れた規則性がある』というような、これまで偉大な先人たちが語っていた概念や表現をまず排除することから始めなければなりません。

　そのためにここで提案したいのは、自然数を奇数の世界と偶数の世界に分けて考えることです。理由の一つは、次図のように、２という絶対的素数が存在する偶数世界に対し、奇数世界には絶対的な素数は存在しません。それどころか、偶数界の素数２を除けば、ユークリッドにより証明された無限に存在する他の素数のすべてが奇数界に存在しているのです。

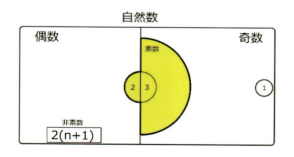

このことから、奇数界で素数を整理してみることにより、素数を単純化して考察することが可能になるはずなのです。
　二つ目の理由は、偶数界と奇数界では計算方法が根本的に異なっているからです。数学理論が見過ごしてきたのは、「奇数界と偶数界という性質の異なった世界が接合してできた自然数世界」の現実です。その二つの世界が接合した自然数世界が示す複雑さを少しでも理解いただけるように、今後の話の中で浮き彫りにできるよう進めていきたいと思います。
　極端な例として、1を除くすべての奇数が素数だと考えて図示したのが右の図です。横軸は奇数番号、縦軸は仮の素数番号で、グラフの階段は、奇数界における仮の素数階段と呼べるものです。ここでの奇数番号とは、奇数の3、5、7、……に、1、2、3、……と番号をふったもので、自然数Nの中の奇数

を表す式（N = 2n+1）で用いられるnのことです。この式を学ぶとき、nは自然数だと教えられてきたと思います。しかし、奇数界でのnは自然数ではなく、奇数界で割り振られた番号なのです。ちなみに、自然数1の奇数番号は0です。余談ですが、自然数2は偶数番号で1なので、すべての素数は奇数番号、偶数番号共に1以上の数です。
　といいながらも、すべての奇数が素数になれるわけではありません。そこで、紀元前のギリシャの哲学者エラトステネスが

考案したエラトステネスの篩のはたらきを検証しながら、奇数の中から素数を探し出す新たな方法を模索することにしましょう。

まず、奇数という世界で素数を単純化し整理して眺めるために、奇数界でもっとも小さな素数を求めることから始めましょう。

奇数1の次に大きな奇数である3は、自分より小さな奇数は1だけなので素数です。定義から、その3の倍数は決して素数になれませんが、それらを除いた奇数は素数になる可能性のある数です。

そこで、素数3の倍数を除いた奇数を、素数になる資格をもつ数として、原素数候補数と呼び P_n と表すことにします。そして、その原素数候補数のすべてを素数とみなして、素数階段にして表したものが右の図です。先に示した奇数界の仮の素数階段と比較すれば、右図の3の倍数（青色）が素数階段を下げる（図中矢印）はたらきをしているのがわかります。残った赤色の原素数候補数により階段が形成されているので、この図を原素数階段と呼ぶことにします。

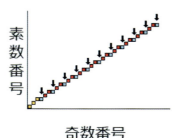

この原素数候補数 P_n を一般式で表せば以下のようになります。奇数界に存在する素数は、素数3を除いて必ず次式を満たさなければなりません。ここでも、nを奇数番号と呼ぶことに

します。

$$P_n = 2(2n+1)/3 \cdot \{1+\cos(2\pi n/3 + \pi/3)\} \qquad n > 1$$

又は、

$$P_n = 2(2n+1)/3 \cdot \{1+\sin(2\pi n/3 + 5\pi/6)\} \qquad n > 1$$

　すなわち、自然数全体でみたとき、１と素数の２、３以外のすべての数にとって、この式を満たすことが素数であるための必要条件です。この式から、素数と三角関数（π）は、決して無関係ではないことがお解りいただけると思います。

　また、原素数階段で、３の倍数に挟まれたすべての原素数候補数（赤色）は、双子素数の原形となるペアを形成していることから、素数とは基本的に双子素数になる資格をもって生まれてきていることがわかるのです。そこで、奇数５と７が１番目の双子素数候補のペア、11と13が２番目、17と19が３番目、……、というように、双子素数になる資格を持つペアに順番に番号を付け、その番号を双子素数候補番号と呼び記号 c で表すことにしました。この双子素数については、後で項を設けて解説することにします。

　これまで、素数階段は自然数世界で素数が出現するたびに積み上げられてできるという見方でした。しかし、原素数階段の世界では、素数になる資格を失った段が削りとられ素数階段が完成していくことが明らかなのです。まったく逆の発想が存在

することにお気づきいただけると思います。

　それでは、この方法で原素数階段を削りながら素数を手に入れ、素数階段を完成させる作業に取り掛かりましょう。

　手に入れた最小の素数３の二乗９は素数ではありません。そこで、その９の段を削りとったとき、３から９までの間に残っている原素数候補数５、７は、どちらも素数３の積で表すことはできません。つまり、素数３から素数３の二乗９未満の原素数候補数５、７はともに素数と確定するのです。この二乗（平方根）という道具こそ、素数世界に隠された秘密を探るもっとも重要な道具なので、ぜひ頭の片隅に置きながら読み進めてください。

　ここまでくれば、次は素数５の二乗25未満までの原素数候補数が対象だと気づかれたと思います。９より大きい25未満の原素数候補数11, 13, 17, 19, 23は素数３および５の倍数ではないので、そのすべてが素数と確定します。この手法にとって、素数は、隠されたタイミングでぽつりぽつりと単独で出現する数ではなく、原素数候補数の中から生き残った集団の一員に過ぎません。この手法を整理して一般化すれば次のようになると思います。

　もっとも小さな素数３から出発すれば、素数３からその二乗９未満までのすべての原素数候補数（5, 7）が素数として確定します。次に、９から素数５の二乗25未満までの、３の倍数が除去された原素数候補数（11, 13, 17, 19, 23）のすべてが素数と確定します。さらに、25より大きな５の奇数倍の数35, 45, ……（素数５の素数候補除外数と呼ぶ）が原素数候補数か

94

ら除去してあれば、25から素数7の二乗49未満のすべての素数候補数（29, 31, 37, 41, 43, 47）が素数と確定します。さらに、素数7の素数候補除外数が除去してあれば、49から素数11の二乗121未満までのすべての素数候補数（53, 59, 61, 67, 71, 73, 79, 83, 89, 97, 101, 103, 107, 109）が素数と確定します。これを繰り返せば、素数 P_{n-1} までのすべての素数候補除外数が除去してあれば、素数 P_{n-1}^2 から素数 P_n^2 未満までのすべての素数候補数が素数として確定していくのです。

　ガウスは、子供のころ数年間で300万までの素数を一つ一つ求めたといわれています。彼の数学に対する並外れた集中力を証明する逸話だと思います。ここで提案した手法では、自然数 $3000000^{1/2}$（＝1733）までに存在する270個の素数さえ手に入れば、それから求まる300万までの素数候補除外数から素数をあぶりだすことができるのです。ガウス少年もきっとそう考えて、実行していたと思うのです。

　このように、素数階段は、奇数界の原素数候補数の規則正しい原素数階段から素数候補除外数が削りとられながら形が確定していくのです。先ほど求めた63までを素数階段で表せば次の図のようになります。

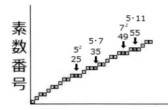

　このような素数階段が形成される過程を俯瞰してみれば、ある素数 P_n により素数階段が削りとられるのは二乗の P_n^2 以降であり、素数 P_n による素数除外候補数 P_n' は次式を満たしているはずです。

　　$P_n' = P_n^2 + 2(u-1)P_n$　　　u；自然数

　この素数候補除外数 P_n' の存在により、素数階段の傾きは素数の二乗に深く関係することになったのです。この素数階段の傾きと素数の二乗・対数との関係については、後の項で論じることにします。

　この奇数界の素数候補除外数 P_n' とは、哲学者エラトステネスの篩を編んでいる竹（奇数）です。すなわち、素数の集合とは、エラトステネスの篩をかいくぐり漏れ落ちた数の集団といえます。そのため、素数を求める足掛かりとして、エラトステネスの篩を一般式で表すことが大切なのです。その一般式については、後ほど素数の求め方のところで詳しく解説することに

します。

　素数という不思議な世界に魅せられた偉大な数学者により、数々の難問や業績が生まれてきました。その中でも、素数と円周率の関係や、素数階段と対数との関連性というオイラーとガウスの【方便】は、その美しさから、素数と宗教を結びつけた宗教観へと引き継がれてきているようにさえ感じます。

【方便】だからといって、その業績を否定しようとすることは適切ではないでしょう。実際、素数階段という発想さえ、その人の存在無くして、誰が気づきその意味を考え始めることができたでしょうか。ここで論じている私も、その素数階段のどこかのステップに留まる一匹の虫に過ぎません。発想こそが偉大なのです。そして、偉大さの陰に隠れているミスリードに眠る、意識や発想の中にこそ、その人物の豊かな人間性が隠されているように思えます。

　といいながらも、どれだけ偉大な数学者や科学者が提起した理論であっても、他の理論と統合され深化することで、新たな理論の礎となり大きな変貌を遂げることができたのも事実です。そこにみえるのは、いかに偉大な数学者や科学者であっても、『真理』に到達した者は一人も居ないという【事実】です。だからこそ、いかに偉大な先人であったとしても、絶対視することや神格化しないことが大切です。理論が修正を受けたり否定されるようにみえるのは、数学者や科学者の理論は、【方便】でしか語られない宿命にあるからです。【方便】は、決して『真理』などではなく神が語る言葉でもありません。数学者や科学者の【方便】に絶対的な『真理』を求める思想こそ、虚

97

構の世界を生むのです。そのことより、彼らの【方便】が、今日の数学や科学の底流となり、そこから新たな発想や理論という【方便】の流れを生みだしていることにこそ最大の称賛が送られるべきです。

　次の項以降では、素数の分散に規則性はあるのかという視点でリーマンがたどり着いた、リーマン予想と呼ばれる堅固な城壁のまわりを、エラトステネスの篩の狭い空間から眺めながら散策していくことにしたいと思います。

②素数の求め方　〜エラトステネスの篩〜

　現代社会において、新たな素数を見つけ出すために、人類は大変な費用と労力を注ぎ込んでいます。搾取という犯罪から個人と社会全体を護り維持する技術の、中枢に位置する暗号にとって素数は欠かせない存在です。そのための素数研究に取り組む人々のほかにも、メルセンヌ数 $[2^n-1]$ というツルハシを手に、仲間と連帯し大きな金鉱石（巨大な素数）を発見しようと、日夜ゴールドラッシュ時代のように汗を流して（？）いる人が多くいるそうです。

　そこで、SF科学論者が思いついたのは、金塊の発見確率を高めて一気に掘り進める採掘法と、一つ一つの岩を砕き確かめながら地道に掘り進む採掘法の二つです。個人の性格や好みに寄り添った（？）提案なので一度ご検討ください。

第四章　SF数学論 I

1

　まず、一気に掘り進み金鉱石を発見する方法です。メルセンヌ数（2^n-1）で求めたとき、非素数を効率よく除外できません。そこで、３や５の倍数を除去しながら、飛躍的に大きな素数候補を求める方法を提案したいと思います。

　素数 P_n の二乗から２か（P_n^2-2）、８を引いて（P_n^2-8）求める方法です。P_n に代入する素数は、分かっている最も大きな素数であっても、それ以外の素数でもかまいません。この方法の特徴は、求まる数が素数２、３、５の倍数ではないという保証付きながら、二つの値（P_n^2-2、P_n^2-8）の少なくとも一方は７の倍数でさえないのです［注釈 **1**］。求めた数が素数である確率を高めるためには、非素数としてもっとも数が多く邪魔な２、３、５、７の倍数を取り除く必要があるのです。しかも、さらに $P_n^2/11$ より大きな素数の倍数が含まれないというおまけつきなのです。以下に、その都合の良い（！）例を記しておきます。そこで、~~119~~のように記した数は、素数ではありません。

P_n	5	7	11	13	101	313
P_n^2-2	23	47	~~119~~	167	~~10199~~	97967
P_n^2-8	17	41	113	~~161~~	10193	97961

2

　次は、原素数候補数 P_n 集団から素数候補除外数 $P_n{}'$ 集団を除いて、すべての素数を求める方法です。素数候補除外数によ

り選別するエラトステネスの篩を用いるのです。

　エラトステネスの篩という原素数候補数から除外すべき素数候補除外数 $P'_{m⊠n}$ を一般式の形にできれば、コンピュータでの処理が可能になります。そこで、奇数番号 m と奇数番号 n の積（m⊠n）が非素数の奇数番号となることを利用すれば、次式で素数候補除外数（非素数）$P'_{m⊠n}$ を求められるのです。

$$P'_{m⊠n} = (2m+1) \times (2n+1) = 4mn + 2m + 2n + 1$$
$$m \geq n \geq 1 \quad m, n ; 奇数番号$$

　この m、n を用いて $P'_{m⊠n}$ を、表した式は、奇数界のエラトステネスの式と呼べるものです。また、この計算方法は、奇数界の積の公式につながるもので、詳しくは、あとの注釈 **2** を参考にしてください。ここで明らかにした奇数界の非素数を、先の自然数の世界に存在する素数と非素数の関係に加えて表した模式図が次の図です。

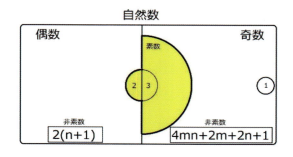

　このエラトステネスの篩の式で求まる素数候補除外数には、

重複が存在するため、その重複を幾分回避するために、素数候補除外数に次の条件を付け加えることにします。

$$P'_{m \boxtimes n} = 4mn + 2m + 2n + 1$$
$$m \geqq n > 1 \quad \& \quad n \neq 2r_1 \cdot r_2 + r_1 + r_2 \quad r_2 \geqq r_1 \geqq 1$$
$$m \neq 2s_1 \cdot s_2 + s_1 + s_2 \quad s_1 < n, s_2 > s_1$$
$$m, n, r_1, r_2, s_1, s_2 ; 奇数番号$$

　面倒な形の式ですが、この式にもエラトステネスの篩のはたらきがあるので、コンピュータで素数を求めるときにも問題はないはずです。

　このように、エラトステネスの篩により、自然数世界から素数の倍数を除去することで、共鳴のない素数世界が出現するのです。すなわち、原素数候補数の集団から共鳴の集団（＝素数候補除外数集団）を除去した結果の集団が素数集団であり、それは互いの素数から影響を受けない非共鳴の集団なのです。しかも、素数は、新たな共鳴を奏でる基音でもあるのです。まるで、将棋の駒のように、エラトステネスの篩を通り抜けた素数という駒には、共鳴の基音という新たな篩の目としての役割が与えられるのです。

　そのとき、新たな素数が奏でる共鳴により素数階段が確率的に下がっていく事象に、リーマンが予想した素数の規則性が潜んでいるのかを、数学者は一番知りたいのかもしれません。

　当たり前なのですが、エラトステネスの篩の式から、暗号化キィを表す式を求めることもできます。二つの素数の奇数番号

の積（⊠）から得た奇数番号を奇数へ戻せばよいのです。ご自分で求めていただくか、無視していただいて結構です。

　それでは、素数の散らばり方の核心に迫るために、確率的な視点から素数を見直す作業に取り掛かることにしましょう。

③自然数が素数である確率　〜ガウスの影〜

　素数集団とは自分以外の数からの影響を受けない非共鳴の集合体です。そのため、素数間の間隔に規則性を見いだせないのです。したがって、素数集団に関する未解決問題は、確率的なアプローチで解決していくしかありません。そのとき、『自然数の中に存在する素数の割合』という確率ではなく、奇数界での『原素数候補数の中に存在する素数の割合』という確率を求めることが大切です。母集団の相違に過ぎないのですが、確率のもつ意味が異なるのです。なぜなら、素数２と３を除けば、素数は必ず原素数候補数の集団に存在します。だからこそ、原素数候補数中の素数に的を絞って検証することに重要な意味があるのです。

　次の表は、自然数 N までに存在する奇数の数 K、原素数候補数の数 n、素数の数 S と、素数の存在する割合をまとめたものです。例えば、自然数 10^2 未満に存在する奇数（１から99）の数 K は50、原素数候補数の数 n は32、素数の数 S は素数２と３を除けば23です。S/N（= 0.23）は自然数 N 未満の自然数が素数である平均の確率、S/n（= 0.72）は自然数 N 未満の原素数候補数が素数である平均の確率です。この素数である

確率は、素数の出現確率とも呼べるものです。なお、自然数 10^4 未満の素数Ｓ欄の（ ）中には、素数２と３を含めた数を併記しました。

自然数N	奇数K	原素数候補数 n	素数S	S/N	S/n
10^2	5×10	32	23（25）	0.23	0.719
10^3	5×10^1	332	166（168）	0.166	0.500
10^4	5×10^3	3332	1227（1229）	0.1227	0.368
10^6	5×10^5	333332	78496	0.078496	0.235
10^8	5×10^7	33333332	5761453	0.057615	0.173

　このように、自然数 10^8 未満の原素数候補数には、約17％の素数が存在し、自然数でも5.76％存在するのです。

　ここからは、原素数候補数の素数である確率を減少させる因子を、素数候補除外数の面から探ることにしましょう。素数 P が素数階段に影響を与える素数候補除外数は P^2 以降に存在します。そこで、自然数 N（$=10^\alpha$）が $N^2 \to N^3 \to N^4$……と変化する過程で、指数部 α が、素数の数 S_N と原素数候補数の素数確率 r_n（$= S_N/n$）に与える影響を調べるために次の表を作成しました。そして、自然数 10^2 未満の素数出現確率（0.72）を基準に、10^α 未満の素数出現確率 $r_\alpha = 0.75/(\alpha/2)$ を求め、r_n と比較することにしたのです。

自然数（N）	10^2	10^3	10^4	10^5	10^6	10^7	10^8	10^9	10^{10}
指数部（α）	2	3	4	5	6	7	8	9	10
原素数候補数(n)	32	332	3332	33332	333332	3333332	33333332	333333332	3333333332
素数の数(S_N)	23	166	1227	9591	78496	664578	5761453	50847533	455052510
確率($r_n=S_N/n$)	0.72	0.50	0.368	0.2877	0.2355	0.1994	0.1728	0.1525	0.1365
$r_α=0.72/(α/2)$	0.72	0.50	0.360	0.288	0.240	0.206	0.180	0.160	0.144

　表から、$r_α$ と r_n の間に概ねよい一致があり、自然数の指数部 α と素数出現確率 r_n との間に、ほぼ反比例の関係があることが解ります。いよいよ素数の出現確率の変化を知る手がかりを得る入口に立ったようです。

　この入口を通り抜けるために、自然数 $10^α$ 未満の素数出現確率が $10^{2α}$ 未満の素数出現確率でも変化しないと仮定した場合と、自然数 $10^α$ 未満の素数による素数候補除外数により、自然数 $10^α$ から $10^{2α}$ 未満の間で素数出現確率が減少すると仮定した場合を比較することにより素数出現確率の減少因子を明らかにしたいと思います。

　まず、素数の出現確率が変化しなければ、素数の数 S は自然数の数に比例するので、素数の数の比（$S_{2α}/S_α$）は、

$$S_{2α}/S_α = 10^{2α}/10^α = 10^α$$

となり、その比（$S_{2α}/S_α$）の対数（$\log(S_{2α}/S_α)$）は、

$$\log(S_{2α}/S_α) = \log(10^{2α}/10^α) = \log(10^α) = α$$

となります。

第四章　SF数学論Ⅰ

　次に自然数が、10^{α}から$10^{2\alpha}$へ変化するとき、新たな素数候補数除外数により、素数の数の比の対数αが減少する因子が存在し、その因子を素数出現減少因子βと仮定すれば、次式で表せます。

$$\log(S_{2\alpha}/S_{\alpha}) = \alpha - \beta$$

　その減少因子βが存在すればその値を、自然数10^{α}未満に存在する素数の数S_{α}と自然数$10^{2\alpha}$未満に存在する素数の数$S_{2\alpha}$から具体的に確かめることができるはずです。
　下の表は、自然数10^{3}から10^{10}について、具体的にβの値を求めて青色で示したものです。

自然数 (N)	$10^{3} \Rightarrow \Rightarrow 10^{6}$		$10^{4} \Rightarrow \Rightarrow 10^{8}$		$10^{5} \Rightarrow \Rightarrow 10^{10}$	
桁数 (α)	3	6	4	8	5	10
素数の数 (S)	166	78496	1227	5761453	9591	455052510
確率 (r)	0.50	0.2355	0.368	0.1728	0.2877	0.1365
$\log(S_{2\alpha}/S_{\alpha})$	2.6747(= 3-0.3253)		3.6717(= 4-0.3283)		4.6762(= 5-0.3238)	

　この表の、自然数10^{10}未満で、素数の出現減少因子βが、誤差１％以内でほぼ一定（0.325）であることから、素数の出現減少因子βを定数とみなすことにします。この素数階段を一定の割合で低下させる因子βが、素数の分散に潜んでいる規則性の本質のようです。ある領域で、素数が増加すればその素数集団の二乗以降で素数出現確率をより減少させ、素数が減少すればその素数集団の二乗以降で素数出現確率の減少を穏やかにさせる。まるで、素数が素数階段をセルフコントロールしている

105

かのようです。

以上により、$\log(S_{2\alpha}/S_\alpha)$ を β の値を用いて表せば、

$$\log(S_{2\alpha}/S_\alpha) = \alpha - \beta = \alpha - 0.325$$

この式を変形すれば、$S_{2\alpha}$ を表す次式が求まります。

$$S_{2\alpha} = 10^{(\alpha-\beta)} \times S_\alpha = 10^{(\alpha-0.325)} \times S_\alpha$$

ここで、この式の有用性を確認するために、いくつかの計算をすることにしましょう。

自然数 10^3 未満に存在する素数の数 S_3（166個）から、自然数 10^6 未満に存在する素数の数 S_6 を求めれば、

$$S_6 = 10^{(3-0.325)} \times 166 = 473.1513 \times 166 \fallingdotseq 78543$$

となり、実際の値 78496（差は 0.06%）に近い値を示します。

この方法は、逆に、自然数 10^5 未満の素数の数 S_5（9591）から、$10^{2.5}$（＝ 316）未満に存在する素数の数 $S_{2.5}$ を予想することも可能なはずです。

$$S_5/S_{2.5} = 10^{(2.5-0.325)}$$
$$S_{2.5} = S_5/10^{(2.5-0.325)} = 9591/10^{2.172} = 9591/148.59$$
$$= 64.55$$

106

第四章　SF 数学論 I

　この値は、実際の 63 個とよい近似を示しています。

　このような自然数 10^α と $(10^\alpha)^2$ の関係が常に成立しているなら、$10^{2\alpha}$ と $10^{4\alpha}$ との間にも成立することになり、自然数 10^α 未満に存在する素数の数 S_α をもとに、自然数 $10^{4\alpha}$ 未満に存在する素数の数 $S_{4\alpha}$ を以下のように求めることができるはずです。

$$\log(S_{2\alpha}/S_\alpha) = \alpha - \beta \qquad \cdots\cdots ①$$
$$\log(S_{4\alpha}/S_{2\alpha}) = 2\alpha - \beta \qquad \cdots\cdots ②$$

① + ②より

$$\log(S_{2\alpha}/S_\alpha) + \log(S_{4\alpha}/S_{2\alpha}) = 3\alpha - 2\beta$$
$$\log\{(S_{2\alpha}\cdot S_{4\alpha})/(S_\alpha\cdot S_{2\alpha})\} = 3\alpha - 2\beta$$
$$\log(S_{4\alpha}/S_\alpha) = 3\alpha - 2\beta$$
$$S_{4\alpha} = 10^{3\alpha - 2\beta} \times S_\alpha = 10^{3\alpha - 0.65} \times S_\alpha$$

　この式をもとに $\alpha = 3$ の $S_3 (= 166)$ から $S_{4\alpha}(S_{12})$ の値を具体的に求めてみましょう。

$$S_{12} = 10^{9 - 0.65} \times S_3 = 10^{8.35} \times 166 = 37162770900$$

　この値と実際の数 37607912017 との差は約 1.2% です。

　ところで、この差の中には、確率的現象としてのばらつきが存在するはずです。原素数候補数 5 から 103 までに存在する素

107

数は25です。また、自然数100以下の2と3を除く素数の数は23です。そこで、$S_2 \to S_4 \to S_8$において、基準のS_2の値として、まず、素数2と3を除いた素数の数23を用いて求めてみれば、

$$S_{2\alpha} = S_4 = 10^{2-0.325} \times S_2 = 10^{1.675} \times 23 = 1088$$
$$S_{4\alpha} = S_8 = 10^{3\alpha-0.65} \times S_2 = 10^{6-0.65} \times 23 = 5149059$$

となり、実際の数$S_4 = 1227$、$S_8 = 5761453$からの差は、$S_{2\alpha}$（S_4）で11.3%、$S_{4\alpha}$（S_8）で10.6%でした。

次に、S_2にばらつきがあることを考慮して、S_2を26として実際の素数の数との隔たり（%）を確認してみました。

$$S_4 = 10^{2-0.325} \times S_2 = 10^{1.675} \times 26 = 1230 \qquad （0.2\%の差）$$
$$S_8 = 10^{6-0.65} \times S_2 = 10^{5.35} \times 26 = 5820675 \qquad （1.0\%の差）$$

となり、S_2が23のときよりよい近似を示したので、S_2を26として$S_{2\alpha}$の一般式を求めれば次式が得られます。

$$S_{2\alpha} = 10^{(2\alpha-2)-\{(\log 2\alpha/\log 2)-1\}\cdot\beta} \times S_2 = 10^{2\alpha-1.675-\beta(\log 2\alpha/\log 2)} \times 26$$

この式から、自然数$N(=10^{\alpha})$未満の素数の数S_Nの一般式は、

$$S_N = 26 \cdot 10^{\{\alpha-1.675-\beta(\log\alpha/\log 2)\}}$$

となります。また、$\alpha = \log N$ なので、素数の数 S_N は、

$$S_N = 26 \cdot 10^{\{\log N - 1.675 - \beta \cdot \log(\log N)/\log 2\}}$$
$$= 10^{\{\log N - 0.26 - \beta \cdot \log(\log N)/\log 2\}} \qquad N \geqq 10^2$$

この式を、自然数 N 未満の素数の出現確率 r_N（$= S_N/N$）に代入すれば、r_N を表す式を求めることができます。

$$r_N = S_N/N = 10^{\{\log N - 0.26 - \beta \cdot \log(\log N)/\log 2\}}/N$$
$$= 10^{-\{0.26 + \beta \cdot \log(\log N)/\log 2\}} \qquad N \geqq 10^2$$

ここで、近年注目されている、BSD 予想の $\log(\log N)$ と素数の出現確率 r_N を結ぶ核心の関係式を求めておきます。

$$\log(\log N) = -(0.26 + \log r_N) \cdot \log 2/\beta$$
$$= -(\log 2/\beta) \cdot \log r_N - 0.241$$
$$\mathbf{\log(\log N) = -0.926 \log r_N - 0.241}$$

次に、素数の出現確率を自然数 N という母集団から原素数候補数 n の集団へ変えておきましょう。原素数候補数 n は、自然数 N の半分（奇数）のさらに 2/3 なので、

$$n = N \times 1/2 \times 2/3 = N/3$$

原素数候補数中の素数出現確率 r_n（$= S_N/n$）は、

$$r_n = S_N/n = S_N/N/3 = 3 \cdot S_N/N = 3 \cdot 10^{-\{0.26 + 1.0796 \cdot \log(\log N)\}}$$
$$= 10^{\{0.217 - 1.0796 \cdot \log(\log N)\}} (= 10^{\{0.217 - \beta \cdot \log(\log N)/\log 2\}}) \qquad N \geqq 10^2$$

この確率を百分率 $r_{n\%}$ で表せば、

$$r_{n\%} = 100 \times r_n = 100 \cdot 10^{\{0.217 - 1.0796 \cdot \log(\log N)\}}$$
$$= 10^{\{2.217 - 1.0796 \cdot \log(\log N)\}} \qquad N \geqq 10^2$$

ここまでくれば、ガウスが素数と対数（指数）を関連づけた着想に眠る意味がお解りいただけたと思います。この式に比べれば、ガウスの式は本当に美しい形をしています。

このように、原素数候補数集団中での素数の存在が確率的ならば、素数世界に厳密解を求めるリーマンのアプローチには、歪が生じてしまうように思えるのです。素数の分布は確率的であり、「厳密な規則性など無い、素数世界のあるがままの姿を受け止めなさい！」と素数が要求しているようです。

といいながら、素数の出現確率の陰に君臨している、確率的でありながらも規則的な素数減少因子 β には、素数階段の形成をセルフコントロールしバランスをとる能力があるのです。

ここにきて、この素数世界でもっとも重要な素数減少因子 β を手に入れたことで、素数世界にかかっていた秘密のベールを払いのける準備がやっとできたようです。

それでは、まず、簡単な双子素数の解明から取り掛かることにしましょう。

第四章　SF数学論 I

④双子素数問題

　前の項で、原素数階段に触れたとき、素数とは双子素数になる資格をもって生まれてきていると述べました。自然数の世界でみれば、双子素数となるのは、6 の倍数を挟む前後の奇数（n_- と n_+）がともに素数のときです。その奇数 $n_\pm$ を双子素数候補番号 c を用いて表せば次式のようになります。

$$n_\pm = 6c \pm 1$$

　実は、この式は、よく知られている式なのですが、インターネットで最近知ったほどで、つくづく無知を思い知らされました。
　この奇数 $n_\pm$ は、3 の倍数ではないので原素数候補数です。したがって、6c と接する 2 つの原素数候補数（n_-, n_+）が双子素数である確率 $R_双$ と、原素数候補数（n_-, n_+）がともに素数である確率 $R_\pm$ との関係は以下のように求まります。
　奇数界での双子素数となる奇数の関係を、偶数 6c と共に図示すれば、前後の奇数（6c−1, 6c+1）がともに素数のときです。

　　6c−5,　6c−3,　6c−1,（6c）, 6c+1,　6c+3,　6c+5

　上の並びから、素数 3 の倍数（6c±3）を除いた原素数候補数の並びとして表せば次のようになります。

111

$$6c-5, \boxed{6c-1, \ 6c+1,} \ 6c+5$$

　この原素数候補数の並びで、$6c-1$ が双子素数をつくる対象となる原素数候補数は双子素数候補ペアの $6c+1$ だけです。したがって、双子素数である確率 $R_{双}$ は $R_{\pm}$ の 2 分の 1（$R_{双}=R_{\pm}/2$）になるのです。

　それでは、双子素数の生じる確率 $R_{双}$ を、原素数候補数 n が素数である確率 r_n から求めていくことにしましょう。

　まず、ユークリッドが素数が無限に存在することを証明したことから、原素数候補数 n が素数である確率 r_n は $r_n > 0$ であり必ず存在します。ここで原素数候補数 $n_-(=6c-1)$ が素数である確率を r_-、原素数候補数 $n_+(=6c+1)$ が素数である確率を r_+ とすれば、その積 $R_{\pm}(=r_- \times r_+)$ は、2 つの原素数候補数がともに素数である確率です。したがって、双子素数が生じる確率 $R_{双} \fallingdotseq (r_- \times r_+)/2 (>0)$ となります。また、原素数候補数 n_- と n_+ のどちらか一方が、必ず非素数になるような規則性が存在しない以上、原素数候補数 n_- と n_+ が素数である確率は等しく（$r_- \fallingdotseq r_+$）、共に r_n にほぼ等しいので、

$$R_{双} = R_{\pm}/2 = (r_- \times r_+)/2 \fallingdotseq r_n^2/2 \qquad (r > 0)$$

　すなわち、原素数候補数 n の増大にともない、**双子素数が生じる確率 $R_{双}$ は、r_n の 2 乗（r_n^2）に比例して急激にゼロに近づきます。しかし、決してゼロには（$R_{双} = r_n^2/2 > 0$）ならない**のです。

第四章　SF数学論 I

　以上が、双子素数問題の確率的証明です。

　ここからは、$R_双$を求めた先の原素数候補数の素数出現確率 r と素数の出現減少因子 β を用いて明らかにしたいと思います。

　始めに、原素数候補数の素数出現確率 r_n と、自然数 N ($= 10^\alpha$) の指数部 α の近似的な関係式 $r_\alpha = 0.72/(\alpha/2)$ をもとに、双子素数の出現確率 $R_双$ を指数部 α を用いた式として求めたいと思います。

　双子素数候補ペアで、それぞれの原素数候補数の素数出現確率 r_α が等しいとすれば、双子素数の出現確率 $R_双$ は、素数出現確率 r_α の積から求められるので、

$$R_双 = r_\alpha{}^2/2 = \{0.72/(\alpha/2)\}^2/2 = \mathbf{1.04/\alpha^2}$$

となり、双子素数の出現確率 $R_双$ は、自然数の指数部 α の二乗に反比例して減少することになります。

　次に、素数の出現減少因子 β を考慮して、双子素数の出現確率を求めたいと思います。充分大きな自然数 N ($= 10^\alpha$) では、原素数候補数の素数出現確率 $r_n (= S_N/n)$ が、自然数 N 近傍での原素数候補数の素数出現確率 $r_{\alpha近}$ にほぼ等しい ($r_n \fallingdotseq r_{\alpha近}$) ので、（⇨注釈 **3**）

$$r_n = S_N/n = 10^{\{0.217 - \beta \cdot \log(\log N)/\log 2\}} \fallingdotseq r_{\alpha近} \qquad N \geqq 10^2$$

　したがって、この自然数 N 近傍の素数出現確率 $r_{\alpha近}$ から求めた双子素数の出現確率 $R_{\alpha近}$ は、自然数 N 未満の素数出現確

率 r_n から求めた双子素数の出現確率 $R_双$ と近似的に等しいので、次式で表すことができます。

$$R_{\alpha近} = r_{\alpha近}{}^2/2 ≒ R_双 = r_n{}^2/2$$

したがって、自然数 N 未満の双子素数の出現確率 $R_{\alpha近}$ は、次式で表すことができます。

$$R_{\alpha近} ≒ R_双 = r_n{}^2/2 = 10^{2\{0.217-\beta \cdot \log(\log N)/\log 2\}}/2 = 10^{(0.133-2\beta \cdot \log \alpha /\log 2)}$$

この式から、自然数の指数部 α と双子素数出現確率 $R_双$ との関係を求めれば、

$$R_双 = 10^{(0.133-2\beta \cdot \log \alpha /\log 2)}$$
$$= 1.358/\alpha^{2\beta/\log 2} = 1.358/\alpha^{2.16}$$

となり、**自然数 N（= 10^α）未満の双子素数の出現確率 $R_双$ は、自然数 N の指数部 α の 2.16 乗に反比例して減少していく**ことになります。

以上から、自然数 N（= 10^α）未満の双子素数の出現確率 $R_双$ は、おおよそ指数部 α の 2 乗（2.16 乗）に反比例して減少していくことが解ります。そして、素数が存在する（$r_{\alpha近} > 0$）以上、双子素数の出現確率 $R_双$ は、決して 0（ゼロ）にはならないということです。

次は、ここまでで明らかになってきた、素数の出現確率や双

子素数の出現確率を携えて、ゴールドバッハ予想に足を踏み入れることにしましょう。

⑤ゴールドバッハ予想

　素数に関して少しずつ認識を掘り下げてきたことで、いよいよゴールドバッハ予想について触れられるようになりました。ご存じの通り、ゴールドバッハ予想とは、『４以上の偶数は、必ず、２つの素数の和で表すことができるだろう』という予想です。

　この予想の証明が困難な理由はただ一つです。素数の間には何の規則性も無く、素数集団は自然数の中に確率的に存在する数だからです。ただ、この素数の性質を逆手にとれば、確率の面から、ゴールドバッハ予想が成立する可能性が高いことを証明することが可能なはずです。

　証明に際し、自然数４は偶数でただ一つの素数２の和で表される数なので、奇数の素数の和で表される自然数６以上の偶数だけに着目して進めていきたいと思います。そのために、具体例を挙げながらゴールドバッハ予想解明の手掛かりとなる確率を探ることにしましょう。

　始めに、素数だけの和で54となる例をとり上げてみます。このとき、順次、小さな素数から足し合わせて和が54となる組み合わせを求めていけばよいはずです。該当する素数どうしの組み合わせとして、7+47、11+43、13+41、17+37、23+31の５組が求まります。

	54
3	
5	49
7	47
11	43
13	41
17	37
19	35
23	31
25	29

　ここで提案したいのは、和のもとである素数3と原素数候補数を縦に1列にして並べ、横の並びの和が54になるように二つに折りたたむ方法です。そして、横の並びが素数どうしの組み合わせとなっているものを探し出し、ゴールドバッハ予想に該当する組み合わせの確率を求めるのです。ここでは、［③自然数が素数である確率］で求めた原素数候補数の素数確率が重要な貢献をしてくれます。

　それでは、右図のように横の並びで原素数候補数の和が54となるように二つ折りにしましょう。

　縦の並びが原素数候補数の並びで、赤色の数字が素数です。素数の多さに驚かされませんか。17個の原素数候補数に含まれている素数は14個もあり、その割合は82.3％です。

　この54になる組み合わせの種類は2通りあります。1つ目は左列の双子素数候補ペアの小さい数（5, 11, 17, 23）と右列の双子素数候補ペアの大きい数（49, 43, 37, 31）の組み合わせです。2つ目は左列の双子素数候補ペアの大きい数（7, 13, 19, 25）と右列の双子素数候補ペアの小さい数（47, 41, 35, 29）の組み合わせです。この例での原素数候補数の組み合わせ全8組中、素数どうしの組み合わせは5組なので、ゴールドバッハ予想に該当する出現確率は62.5％です。

　次に、原素数候補数の和が偶数56になるように、原素数候

第四章　SF数学論 I

補数の並びを二つ折りにしたものが右図です。このとき56になる組み合わせは、1通りしかありません。それは、左列の双子素数候補ペアの大きい数（7, 13, 19, 25）と右列の双子素数候補ペアの大きい数（49, 43, 37, 31）の組み合わせです。この例での原素数候補数どうしの組み合わせは素数3も含めれば全部で5組存在し、その中の素数どうしの組み合わせは3組なので、ゴールドバッハ予想に該当する素数どうしの組み合わせが出現する確率は60%となります。

　次に、偶数52の例も求めてみます。このときも、先のときと同じように、原素数候補数の和が52になるように二つ折りにすればいいので、詳細の表については読者の方々の課題として割愛させていただきます。

　このとき、和が52になる組み合わせの種類も1通りしかありません。左列の双子素数候補ペアの小さい数（5, 11, 17, 23）と右列の双子素数候補ペアの小さい数（47, 41, 35, 29）の組み合わせです。このとき、原素数候補数どうしの組み合わせ全5組中、素数どうしの組み合わせは3組なので、ゴールドバッハ予想に該当する組み合わせの出現確率は60%になります。

　以上のように、54程度の小さな偶数であっても、素数どうしの組み合わせは複数存在し、ゴールドバッハ予想に該当する出現確率が高いことがお解りいただけたと思います。特に、偶

56

3	53
5	
7	49
	47
11	
13	43
	41
17	
19	37
	35
23	
25	31
	29
29	

数が６の倍数でない、56の原素数候補数の組み合わせ（素数
３を除く）は４組、52では５組なのに対し、その間に位置す
る６の倍数54では８組と理論通り約２倍になります。すなわ
ち、偶数が大きくなれば、６の倍数ではない偶数の原素数候補
数の組み合わせ数は、隣接する６の倍数のときの約1/2のはず
です。これは、原素数候補数の並びを二つ折りにしたことによ
る、双子素数候補ペアの対称性の問題に過ぎません。そのた
め、ゴールドバッハ予想に該当する素数どうしの組み合わせ
の数も約1/2になるのです。ただし、ゴールドバッハ予想に該
当する確率は、共に1/2となるため変わりません。このことか
ら、これ以降、特別な断りをしない以上、偶数は６の倍数では
ないものとして検証を進めていくことにします。すなわち、原
素数候補数の組み合わせ数が少ない方を基準に話を進めるので
す。このことは、頭の片隅に置いていてください。

　いよいよ、ゴールドバッハ予想の、素数どうしの組み合わせ
数を求めるという難題に挑む準備が整いました。そこで前に進
む前に、値の大きな偶数 N 未満に存在する原素数候補数の数
を $n(= N/3)$、双子素数候補ペアの数を $c(= n/2)$、和が偶数 N
になる原素数候補数の組み合わせの数を $C_n(=c/2)$、原素数候
補数の素数の出現確率を $r_n(= S_n/n)$ と表すことを確認してお
きましょう。

　それでは、素数どうしの和で偶数 N となる確率 A_n をもと
に、ゴールドバッハ予想の最終目的である、素数どうしの組み
合わせ数 G_n（ゴールドバッハ数と呼ぶ）の一般式を求めるこ
とにチャレンジしましょう。

第四章　SF数学論 I

　まず、具体例として、素数どうしの和で偶数10^8になる確率と、その素数どうしの組み合わせ数を求めてみることにします。

　基礎となる偶数 N 未満の原素数候補数の数 n は、

　　n = N/3 = 10^8 × (1/3) = 33333332

　双子素数候補ペア数 c はその 1/2 なので、

　　c = n/2 = 33333332/2 = 16666666 組

　さらに、和が10^8になる原素数候補数の組み合わせ数 C_n は、その 1/2 以上なので以下のように求まります。

　　C_n = c/2 = 16666666/2 = 8333333 組

　次に、原素数候補数の組み合わせの中に、素数どうしの組み合わせが何組存在するのかを確率として求めます。

　注釈 **3** で、10^α 近傍の原素数候補数の素数出現確率 $r_{n近}$ は、偶数10^αまでの原素数候補数が素数である確率 r_n にほぼ等しく、10^8での値が約 0.17 であることも確かめてあります。このことから、和が10^8になる原素数候補数の組み合わせで、ともに素数である組み合わせの確率 A_n は原素数候補数の素数出現確率 0.17 をもとに次式で求めることができます。

119

$$A_n = r_n \times r_n = 0.17 \times 0.17 = 0.0289$$

　この確率 A_n と原素数候補数の組み合わせ数 C_n（8333333組）の積から、ゴールドバッハ数 G_n を求めれば、

$$G_n = C_n \times A_n = 8333333 \times 0.0289 = 240833 組$$

　この結果は、２つの素数の和で偶数 10^8 になる組み合わせが約240000組存在することを意味します。この数の多さには、私自身おどろいてしまいました。
　この結果は、ゴールドバッハ予想に漠然と抱く以下のような私たちの不安の根源に気づかせてくれます。
　自然数 N が大きくなれば、増えた素数 P_n による素数候補除外数 $P_n{}'$ が素数の存在確率 r_n を限りなくゼロにするため、素数どうしの組み合わせ数 G_n は限りなくゼロに近づくはずだと。
　その漠然とした不安の理由は、素数を自然数世界で捉えたことによる素数の存在が曖昧となり、そのことにより、素数出現確率の急激な減少を妄想し、ゴールドバッハ予想の組み合わせ数が減少する錯覚に投影されてしまうからです。
　自然数の半数を占める２を除いた偶数は、素数とはまったく関係のない考慮すべき数ではありません。しかも、無限に存在する２と３を除いた素数を子供に見立てれば、遊び回り戯れる子供のいる場所は、狭く限られた奇数遊園地の中だけです。そして、彼らを見つけ出すには、原素数候補数という遊具だけを

見て回るだけでいいのです。的確に探すことにより、自然数国の全領土を漠然と探しまわるより発見する確率は高くなるのです。

まだこのことが信じられない人のために、偶数が 10^{64} という巨大な数でも確かめてみましょう。この場合、原素数候補数の数 n は $10^{64}/3$、双子素数候補ペアの数 c は約 1.66×10^{63} 組、目的の偶数 10^{64} をつくる原素数候補数の組み合わせの数は 8.3×10^{62} 組となります。

ちなみに、$S_2 = 26$ として求めた原素数候補数の素数の出現確率 r_n は 0.0185 なので、それから素数どうしの組み合わせの確率 A_n を求めれば、

$$A_n = 0.0185 \times 0.0185 = 0.000342$$

素数だけの組み合わせのゴールドバッハ数 G_n は、

$$G_n = 0.000342 \times 8.3 \times 10^{62} = 2.84 \times 10^{59} \text{組}$$

という、やはりとてつもなく大きな数です。この数は、約2900の原素数候補数どうしの組み合わせのうち 1 組は素数どうしの組み合わせであることを意味します。このように、ゴールドバッハ予想に対する、我々の不安は根底から裏切られるのです。

それでは、これまでの求め方を基礎に、最終目的であるゴールドバッハ数 G_n の一般式を求めることに挑戦しましょう。

まず、自然数 $N_\alpha (= 10^\alpha)$ の指数部 α と原素数候補数の素数出現確率 r_n との間に見いだされた、概略的な反比例の関係を表す次式をもとに、一般式を求めることから始めましょう。

$$r_n = S_\alpha / n = 0.72 / (\alpha / 2) = 1.44 / \alpha$$

これより、素数だけの組み合わせである確率 A_n は、

$$A_n = r_n^2 = (1.44 / \alpha)^2$$

であり、原素数候補数どうしの組み合わせ数 C_n とその確率 A_n の積から、素数どうしの和の組み合わせ数 G_n は、

$$G_n = C_n \times A_n = N_\alpha / 3 \times 1/2 \times 1/2 \times (1.44 / \alpha)^2$$
$$= 0.173 N_\alpha / \alpha^2$$

$N_\alpha / 3$ …原素数候補数の数

$N_\alpha / 3 \times 1/2$ …双子素数候補ペア数

$N_\alpha / 3 \times 1/2 \times 1/2$ …偶数が6の倍数でない組み合わせ数

式で、偶数 $N_\alpha (= 10^\alpha)$ が大きくなれば、指数部 α の2乗は無視できる（$N_\alpha \gg \alpha^2$）ので、$G_n \fallingdotseq 0.173 N_\alpha$ となり、ゴールドバッハ数 G_n は偶数 N_α の値にほぼ比例して増加するといえるのです。

次に、より正確なゴールドバッハ数 G_n を、素数の出現減少因子 β を考慮した一般式として求めておきたいと思います。

第四章　SF数学論 I

　そのために、ゴールドバッハ数 G_n を偶数 N 未満に存在する原素数候補数の数 n、および存在する素数の数 S_N、原素数候補数が素数である確率 r_n、双子素数候補ペアの数 c、原素数候補数どうしの組み合わせ数 C_n、素数だけの組み合わせの確率 A_n を用いて表せば、

$$G_n = C_n \times A_n = c \times 1/2 \times A_n = n \times 1/2 \times 1/2 \times A_n$$
$$= (N/3) \times 1/2 \times 1/2 \times A_n = (N/3) \times 1/2 \times 1/2 \times r_n^2$$
$$= N \cdot r_n^2 / 12 = N \times (S_N/n)^2 / 12$$
$$= N \times \{S_N/(N/3)\}^2 / 12 = (3/4) \times (S_N^2/N)$$

　この G_n の式に、先の S_N を求める一般式を代入すれば、ゴールドバッハ数 G_n の SF 的一般式を求めることができるのです。
　これまで、偶数は 6 の倍数でない数として求めてきましたが、ここでは、6 の倍数ではない偶数と 6 の倍数の偶数にわけて求めておくことにします。
　まず、6 の倍数ではない偶数 N（= 6c±2）のときです。N までに存在する素数の数 S_N は次式で表せました。

$$S_N = 10^{\{\log N - 0.26 - \beta \cdot \log(\log N)/\log 2\}} \qquad N \geq 10^2$$

　したがって、G_n の一般式は、

$$G_n = (3/4) \times (S_N^2/N)$$

123

$$= (3/4) \times 10^{2\{\log N - 0.26 - \beta \cdot \log(\log N)/\log 2\}}/N$$

$$= (3/4) \times 10^{\{2\log N - 0.52 - 2\beta \cdot \log(\log N)/\log 2\}}/N$$

$$= 10^{\{-0.125 + 2\log N - 0.52 - 2\beta \cdot \log(\log N)/\log 2\}}/N$$

$$= N^2 \times 10^{(-0.645 - 2\beta \cdot \log(\log N)/\log 2)}/N$$

$$= N \cdot 10^{(-0.645 - 2\beta \cdot \log(\log N)/\log 2)} = N \cdot 10^{(-0.645 - 2.159 \log\log N)}$$

となります。

次に、6の倍数 $N (= 6c)$ のときの一般式です。これは、6の倍数でないときの2倍になるので、以下のようになります。

$$G_n = 2 \times N \cdot 10^{(-0.645 - 2.159 \log\log N)}$$

これらの式から、指数部 α が128（$N_{128} = 10^{128}$）のときの G_n の値は 6.397×10^{122}、10倍の $\alpha = 129$（$N_{129} = 10^{129}$）のときの値は 6.266×10^{123} とほぼ偶数の値が10倍になれば素数どうしの組み合わせ数 G_n も比例してほぼ10倍になることが解ります。このように、6の倍数と6の倍数ではない偶数を区別したとしても、それぞれの値が大きくなればなるほど、ゴールドバッハ数は増加し続ける傾向にあるのです。

ここまで、自然数 $N_\alpha (= 10^\alpha)$ において $\alpha \geqq 2$ として検証をおこなってきました。理由は、母集団が小さければゆらぎが大きくなり、素数の存在割合を確率的に数値化するには不適切だと考えたからです。

そうだとしても、式の適応範囲を確かめるために 10^2 以下の偶数についても調べておくことにします。

第四章　SF数学論 I

　まず、偶数が10以下についてみれば、偶数6であれば3+3
の1組、偶数8であれば3+5の1組、偶数10であれば3+7、
5+5の2組あります。そこで、式に $\alpha = 1$（$N_\alpha = 10$）を代入し
求めたとき G_n の値は2.26となり、実際の値1〜2組の存在と
よい近似を示していると考えてもよい結果でした。

　さらに、$\alpha = 2$（$N_\alpha = 10^2$）であれば、G_n の値は5.07となり5
組前後が存在することを示しています。実際には3+97、11+89、
17+83、29+71、41+59、47+53の6組存在しますが、原素数候補
数ではない3を除けば5組となり、$\alpha = 2$（$N_\alpha = 10^2$）以下で
あっても、この式にはある程度の信頼性が認められる結果とな
りました。

　これらのことからゴールドバッハ予想が成立しない条件と
は、自然数3から N/2 の原素数候補数と、それと和をつくる
自然数 N/2 から N の原素数候補数が共に素数でないときだけ
です。そこで、自然数3から N までの素数の数を S、原素数
候補数が素数である確率を r_n として、その条件を満たす確率
ⓡ全を求めることにします。

　まず、自然数3から N/2 のすべての素数が自然数 N/2 から
N の非素数と和をつくる確率ⓡ_A を求めれば、

　　ⓡ_A = $r_n{}^{S/2} \cdot (1-r_n)^{S/2}$

　次に、自然数 N/2 から N のすべての素数が自然数3から
N/2 の非素数と和をつくる確率ⓡ_B を求めれば、

125

$$\text{ⓡ}_B = r_n{}^{S/2} \cdot (1-r_n)^{S/2}$$

　以上のⓡ$_A$とⓡ$_B$の和が、ゴールドバッハ予想が成立しない確率ⓡ$_全$になります。したがって、

$$\text{ⓡ}_全 = \text{ⓡ}_A + \text{ⓡ}_B = 2 \cdot r_n{}^{S/2} \cdot (1-r_n)^{S/2}$$

　ここで、r_nと$(1-r_n)$のどちらかは$1/2$より小さく、Nが大きくSが大きいときⓡ$_全$, ⓡ$_A$, ⓡ$_B$はすべてほぼ０（ゼロ）となります。したがって、ゴールドバッハ予想が成立しない確率はほぼゼロなのです。

　このことを、Nが10^8の偶数を例に具体的に求めておきたいと思います。このとき、原素数候補数が素数である確率r_nは0.17、素数の数Sは約1400000です。したがって、ゴールドバッハ予想が成立しない確率ⓡ$_全$は、

$$\text{ⓡ}_全 = 2 \cdot r_n{}^{S/2} \cdot (1-r_n)^{S/2} = 2 \cdot 0.1411^{700000} \fallingdotseq 0$$

　となり、ゴールドバッハ予想の成立しない確率は限りなく０（ゼロ）となります。ただし、この確率が厳密に数学的な０でないことを理由に、悪魔の証明を要求されても答えようがありません。悪しからず。

　互いの間に規則性が存在しない素数の集合だからこそ確率世界で考える必要があり、素数問題に【因果】を希求しても解決の糸口は見えません。それでも、ゴールドバッハ予想に強く惹

きつけられるのは、素数が２以外に存在しない素数の空白地帯ともいえる偶数世界が、素数により成り立っているという予想だからこそ、厳密な【因果】を求めようとする心理がはたらいている気がしてなりません。

　以上で、ゴールドバッハ予想に関する解説は終わりとなりますが、自然数世界の中で漠然と素数を眺めていたときと、問題のイメージが大きく変化したのではないでしょうか。

　最後に、素数といえば、必ず登場するといっていいリーマン予想について、これまで解説してきた内容をもとに触れておきたいと思います。これは、あくまでも個人的な感想であることをご承知の上、読み進めていただきたいと思います。

⑥リーマン予想について

　いよいよ、SF数学論もSF的見地からとはいえ、無謀と知りつつ、リーマン予想の外壁に触れてみたいと思います。

　ここに至るまでに、奇数の砂が無数に広がる砂漠で、３の風を吹きかけ、５の風を吹きかけ、７の風を吹きかけるだけで、121までに存在する７より大きな素数碑が姿を現すことを知りました。たった３種類の風だけで多くの素数碑が発掘できたのです。

　さらに、素数集団における一番の特徴は非共鳴でした。しかも、素数は共鳴における基本の音です。砂漠に埋もれる素数の碑は、他の素数の風に共鳴しないからこそ見つけ出せるのです。素数の科学とは、基音の科学であり、非共鳴の科学そのも

のです。だからこそ、物理現象にとって重要なのです。

　リーマン予想に数学者が大きな期待を寄せる一因は、ゼータ関数における非自明なゼロ点の実数部が1/2乗に限られていることにあります。限られた世界に素数が存在する、というあまりにも完全無欠にみえる予想ゆえに神聖化されてしまったのではないでしょうか。「素数」の規則性が記されている孤高の秘伝書が存在しているかのようです。そして、多くの天才の叡智をもってしても、その秘伝書が未だに明かされていないからこそ、自らの手で開くことに恋焦がれるのでしょう。

　ゼータ関数を理解できない私は、その呪縛から離れて非素数世界から素数の世界を眺めることしかできませんでした。ただ、そこに神により隠されていると思われる痕跡は一つとして見出すことができませんでした。素数集団は奇数界から非素数により弾き飛ばされた数であり、まったく規則性がなかったのです。それゆえ、ゼータ関数の解の実数部が1/2乗以外に広がっていないことは、ゼータ関数自身が抱えている宿命に思えてしまうのです。

　ゼータ関数を勝手に音に例えれば、ゼータ関数を基音として新たに生みだされる音の、振動数、音色、音量などが変化しても、その音を消し去ることは可能なはずです。打ち消すための条件は、２つの音の音量が等しい（実数部が1/2）ときです。そのように考えると、ゼータ関数の非自明なゼロ点が意味するのは、ゼータ関数が奏でる音を自らが消し去る現象のように思えるのです。当然ながら、音を発しないのは自明なゼロ点で、ゼータ関数が音を奏でないときです。

素数２、３以外の素数は、原素数候補数集団に属さなければならない明確な制約がありました。そして、素数の存在は、非素数という素数候補除外数により明確に求まりますが、原素数候補数集団で素数であるかどうかは確率に支配される現象です。そこで深く関わっているのは、素数の出現減少因子 β でした。

　リーマン予想とは、ゼータ関数が独自で奏でる繊細な音世界を表していると思いたいのです。さもなければ、ゼータ関数は、エラトステネスの篩が奇数界に存在することさえ証明しなければなりません。

　この世界には、素数のように共鳴しないからこそ姿を現し、多くのものに影響を与えうる孤高の存在があるようです。そして、我々も、共鳴しないことの重要さを認識しなければなりません。孤独であることは個の本質であり、人類とは対等で尊重し合い、支え合う根源を共有する生命体でもあるのですから。

　以上で、数学の素人が繰り広げた SF 数学論を終わりにしたいと思います。辛抱強く拙い文章につきあい、理解しようとお読みいただきありがとうございました。

　心より感謝申し上げます。

第五章　注釈

■1 P^2-2, P^2-8は 3 、5 の倍数ではない

(i)

P^2から 2 、8 を引いた、1 の位の数（末尾数）は 5 ではない
　　→ 5 の倍数ではない

素数 P の末尾数	1	3	5	7	9
P^2 の末尾数	1	9	5	9	1
P^2-2 の末尾数	9	7	3	7	9
P^2-8 の末尾数	3	1	7	1	3

P^2-2、P^2-8の末尾数が 5 ではないので 5 の倍数ではない。

(ii)

$P = (6c\pm1)$ より
$$P^2-2 = 36c^2\pm12c+1-2 = 12\cdot(3c^2\pm c)-1$$
$$P^2-8 = 36c^2\pm12c+1-8 = 12\cdot(3c^2\pm c)-7$$

と、ともに右辺が 3 の倍数ではないので P^2-2、P^2-8は、ともに 3 の倍数ではない。

第五章　注釈

(iii)

(ii) の結果より

$$P^2-2 = 12 \cdot (3c^2 \pm c) - 1$$
$$P^2-8 = 12 \cdot (3c^2 \pm c) - 7$$

であり、もし、$P^2-2[= 12 \cdot (3c^2 \pm c) -1]$ が 7 の倍数であれば、もう一方の $P^2-8[= 12 \cdot (3c^2 \pm c) -7]$ との差が 6 であることから、P^2-8 は 7 の倍数にはなりえないのです。そして、その逆も成り立つことになるのです。

このような末尾数の考えから取り組まれたのがフェルマーの最終定理の証明方法なのでしょう。

② 自然数の不思議　～奇数世界と偶数世界～

先人が築いてきた数学の世界に存在している自然数の一つ一つは、数という名のもとに平等であると我々は確信しているようです。ポアンカレの「数学とは異なるものを同じものとみなす技術である」という言を俟つまでもなく、2 と 3 は値が異なるだけで、数として同じものであることなど自明のことであり、疑う者など誰一人いません。

そんな自明で疑いようのない事象に勇気をもってメスを入れてこそ、この SF 数学論が存在する意義があり、そこで論じる行為こそが数学の目的でもあると信じているのです。といっても全く意味がお解りにならないと思いますので、具体的にこの自然数を特徴的な 2 つの世界に分けて観察してみることにしま

131

しょう。偶数世界と奇数世界の登場です。

(i) 偶数界の計算法の規則性

　まずとり上げる偶数界には、規則性があり大変解りやすいものです。その規則性を偶数世界の偶数番号から解明していきます。

　まずは足し算です。偶数番号 g_1 の偶数 G_1 と偶数番号 g_2 の偶数 G_2 の足し算は、次式のようにして求まります。

　　　〈自然数界の和〉　　$G_1 + G_2 = G_3$
　　　〈偶数番号計算〉　　$2g_1 + 2g_2 = 2g_3$　⇒　$2(g_1 + g_2) = 2g_3$
　　　〈偶数界の和〉　　$\boxed{g_1 \oplus g_2 \Rightarrow g_1 + g_2 = g_3}$

　このように、偶数界での足し算⊕は偶数番号で計算しても単純な<u>足し算で計算できる</u>のです。当然じゃないかと思いますね。

　次は掛け算です。偶数界の掛け算も同じように偶数番号から解明していきましょう。

　偶数番号 g_1 の偶数 G_1 と偶数番号 g_2 の偶数 G_2 の掛け算は、次式のように求めることができます。

　　　〈自然数界の積〉　　$G_1 \times G_2 = G_3$
　　　〈偶数番号計算〉　　$2g_1 \times 2g_2 = 2g_3$　⇒　$4g_1 \cdot g_2 = 2g_3$
　　　〈偶数界の積〉　　$\boxed{g_1 \otimes g_2 \Rightarrow 2g_1 \cdot g_2 = g_3}$

第五章　注釈

　このように、偶数界の掛け算⊗の場合には、偶数番号の積の
２倍となってはいるのですが、計算法としては積で求まるので
す。

　さらに、偶数だけの積ですべての偶数を求められるか調べて
みましょう。小さな偶数２から始めて、求まった偶数を黒色、
求めることができなかった偶数を青色で下に示してみました。

　　〈偶数〉　　　2，4，6，8，10，12，14，16，18，20，22
　　〈偶数番号〉　1，2，3，4，5，6，7，8，9，10，11

　すなわち、偶数だけの積で求めることのできない偶数の偶数
番号は、規則正しく一つ置きに偶数番号が奇数のときに存在
し、自然数での偶数の散らばり具合は一定なのです。

　この偶数界の特徴を踏まえて、もう一方の世界である奇数界
の計算法を探っていくことにしましょう。

⑾　奇数界が数学を複雑にしている

　現在、数学の専門家の間では、掛け算と足し算という計算の
手法が異なっていることこそが数学を複雑にしていると信じら
れているようです。本当にそうなのかを、奇数界に分け入って
確かめてみましょう。

　前の章では、偶数界での計算法の特徴を明らかにしました。
そこで、もう一方の奇数界に属している数について、同じよう
に掘り下げて解明していきたいと思います。

　まずは、奇数界での足し算⊞についてみてみましょう。

133

ところが、困ったことに、この計算法は最初から行き詰まってしまうのです。なぜなら、奇数界での足し算は奇数界に留まることができず、強制的に偶数界へと移動してしまうのです。

　具体的に、その奇数界の足し算⊞をみてみましょう。奇数番号 k_1 の奇数 K_1 と奇数番号 k_2 の奇数 K_2 の足し算では、偶数界の偶数番号 g_1 の偶数 G_1 となってしまうので、その偶数番号 g_1 の値は、奇数番号 k_1 と k_2 により、次のように求まります。

　　　〈自然数界の和〉　$K_1+K_2 = G_1$
　　　〈奇数・偶数番号計算〉　$2k_1+1+2k_2+1 = 2k_1+2k_2+2 = 2g_1$
　　　　　　　　　　　　　　　$\Rightarrow 2(k_1+k_2+1) = 2g_1$
　　　〈奇数界の和⇨偶数界〉　$\boxed{k_1 \boxplus k_2 \Rightarrow k_1+k_2+1 = g_1}$

　偶数番号は、奇数番号の和に 1 を足した値となるのです。

　それでは、奇数界の掛け算⊠ではどうでしょうか。奇数どうしの掛け算は、奇数なので結果は奇数界に留まるはずです。奇数番号 k_1 の奇数 K_1 と奇数番号 k_2 の奇数 K_2 の掛け算により奇数番号 k_3 の奇数 K_3 が求まるとき、次式のように表されるはずです。

　　　〈自然数界の積〉　$K_1 \times K_2 = K_3$
　　　〈奇数番号計算〉　$(2k_1+1) \times (2k_2+1) = 2k_3+1$
　　　　　　　　　　　$4k_1k_2+2k_1+2k_2+1 = 2k_3+1$
　　　　　　　　　　　$\Rightarrow 2(2k_1k_2+k_1+k_2) = 2k_3$
　　　〈奇数界の積〉　$\boxed{k_1 \boxtimes k_2 \Rightarrow 2k_1k_2+k_1+k_2 = k_3}$

ここに、偶数界と異なる、奇数界における奇異な特徴が露わになっているのです。すなわち、掛け算であるはずなのに(k_1+k_2)という足し算が含まれてしまっているのです。

そこで、奇数だけの積ですべての奇数を求められるか調べてみることにしましょう。奇数3から始めて、求まる奇数を黒色、求めることができない奇数を青色にして下に示してみました。

　〈奇数〉　　　3, 5, 7, 9, 11, 13, 15, 17, 19, 21, 23, 25, 27, 29, 31
　〈奇数番号〉　1, 2, 3, 4, 5, 6, 7, 8, 9, 10, 11, 12, 13, 14, 15

偶数界では偶数の散らばり具合が一定でしたが、奇数界では、奇数の積で求めることのできない奇数（素数）が不規則に存在しているのです。その理由は、奇数界の掛け算⊠には、足し算が同居してしまっているため不規則性が存在するのです。この陰に隠れていた奇数の掛け算に固く結びついた和の存在こそが素数の存在を不規則にし、フェルマーの最終定理や ABC 予想などの難問と呼ばれる証明を困難にする一因となっているのです。

このことは、現代社会でのデータ送信の安全性にとって、最も重要な公開鍵番号の理論を支えている素因数分解の困難性が、この奇数界の陰に隠れた積と和の同居に起因していたのです。

(ⅲ) 奇数界の数と偶数界の数の計算

　　紙面上、計算方法だけを記して終わることにします。

- 奇数と偶数の積 〈＊〉
　　　〈自然数界の積〉　　　　$K_1 \times G_1 = G_2$
　　　〈奇数・偶数番号計算〉　$(2k_1+1) \times 2g_1 = 2g_2$
　　　　　　　　　　　　　　　$4k_1g_1+2g_1 = 2g_2$
　　　〈奇数・偶数界の積⇨偶数界〉

　　　　　$\boxed{k_1 \langle * \rangle g_1 \Rightarrow 2k_1g_1+g_1 = g_2}$

- 奇数と偶数の和 〈＋〉
　　　〈自然数界の和〉　　　　$K_1+G_1 = K_2$
　　　〈奇数・偶数番号計算〉　$(2k_1+1)+2g_1 = 2k_2+1$
　　　　　　　　　　　　　　　$2k_1+1+2g_1 = 2k_2+1$
　　　〈奇数・偶数界の和⇨奇数界〉

　　　　　$\boxed{k_1 \langle + \rangle g_1 \Rightarrow k_1+g_1 = k_2}$

❸ 自然数 N_α 近傍の素数出現確率

　　自然数 N_α 未満の素数出現確率 r_α が、N_α から $N_{\alpha+1}$ 間の素数出現確率 $r_{\Delta(\alpha+1)}$ とほぼ等しければ、自然数 N_α 近傍の素数出現確率 $r_{\alpha近}$ を N_α の素数出現確率 r_α で代用できるはずです。

　　自然数 N_α 未満の素数出現確率 r_α は、自然数 N_α 未満の素数の数 S_α と次の関係にあります。

$$S_\alpha = N_\alpha \cdot r_\alpha = N_\alpha \cdot 10^{-0.26 - \beta \cdot \log\alpha / \log 2}$$
$$= N_\alpha \cdot 10^{-(0.26 + 1.0796\log\alpha)}$$

自然数 $N_{\alpha+1}$ 未満の素数出現確率 $r_{\alpha+1}$ は、自然数 $N_{\alpha+1}$ 未満の素数の数 $S_{\alpha+1}$ と次の関係にあります。

$$S_{\alpha+1} = N_{\alpha+1} \cdot r_{\alpha+1} = N_{\alpha+1} \cdot 10^{-0.26 - \beta \cdot \log(\alpha+1)/\log 2}$$
$$= N_{\alpha+1} \cdot 10^{-\{0.26 + 1.0796\log(\alpha+1)\}}$$

したがって、自然数 N_α から $N_{\alpha+1}$ 間の素数出現確率 $r_{\varDelta(\alpha+1)}$ は、

$$r_{\varDelta(\alpha+1)} = (S_{\alpha+1} - S_\alpha)/(N_{\alpha+1} - N_\alpha) = (S_{\alpha+1} - S_\alpha)/9 \cdot N_\alpha$$
$$= [N_{\alpha+1} \cdot 10^{-\{0.26 + 1.0796\log(\alpha+1)\}} - N_\alpha \cdot 10^{-(0.26 + 1.0796\log\alpha)}]/9 \cdot N_\alpha$$

自然数 N_α の指数部 α が 1 より十分大きいとき、$\alpha + 1 \fallingdotseq \alpha$ なので、$r_{\varDelta(\alpha+1)}$ は、

$$r_{\varDelta(\alpha+1)} \fallingdotseq N_\alpha \cdot \{10 \cdot 10^{-(0.26 + 1.0796\log\alpha)} - 10^{-(0.26 + 1.0796\log\alpha)}\}/9 \cdot N_\alpha$$
$$= N_\alpha \cdot 9\{10^{-(0.26 + 1.0796\log\alpha)}\}/9 \cdot N_\alpha = 10^{-(0.26 + 1.0796\log\alpha)} = r_\alpha$$

したがって、自然数 N_α 近傍の素数出現確率 $r_{\alpha近}$ は、N_α 未満の素数出現確率 r_α で代用できることになるのです。

追記

　今回の手法は、問題の中に性質の異なるセグメントをみつけだし、それらから問題を解く道筋を探求しようとするものでした。ハミルトン閉路問題では、閉路を外部五角形と内部迷路に分け、それぞれの特徴を整理して解を導きました。素数の難問では、自然数世界を偶数世界と奇数世界に分けて、素数の存在する世界を明確にできれば、問題解決の道筋にたどり着けることを明らかにできました。NP 問題の中に内在している最も大きな問題点は、すべての点やそれらの間に隠れている異なる性質に気づかず等価に見てしまうことにあります。そこから生みだされる無限とも思える組み合わせは、問題の本質とは直接結びつかない、無限そのものを解決する状況に陥ってしまうのです。

　次回の SF 数学論ではその状況を避ける例として、四色問題に潜むセグメントの探求に挑む解説、奇数世界・偶数世界から新たなピタゴラス数の一般式を求める解説、そこから合同数の一般式に至る解説、さらに、そこで登場するのが不思議？なコラッツ予想について、奇数世界・偶数世界を彷徨いながら証明する解説に挑戦することにします。

　内在するセグメントを明確にできなければ、探求の糸口は見つかりません。数学を科学する姿勢が必要なのです。当然ながら、この本に登場する以外にも多数のセグメントが、糸口として内在している可能性があります。その意味で、この本の重要

なテーマでもある、解決できたとしても『真理』が見つけられ
たわけではないことを理解いただければ幸いです。

ナーディス代表　布村良夫

布村　良夫（ぬのむら　よしお）
ナーディス代表

改訂　SF科学論 I

2025年 2 月11日　初版第 1 刷発行

著　　者　布 村 良 夫
発 行 者　中 田 典 昭
発 行 所　東京図書出版
発行発売　株式会社 リフレ出版
　　　　　〒112-0001　東京都文京区白山 5-4-1-2F
　　　　　電話 (03)6772-7906　FAX 0120-41-8080
印　　刷　株式会社 ブレイン

© Yoshio Nunomura
ISBN978-4-86641-841-4 C0040
Printed in Japan 2025
本書のコピー、スキャン、デジタル化等の無断複製は著作
権法上での例外を除き禁じられています。本書を代行業者
等の第三者に依頼してスキャンやデジタル化することは、
たとえ個人や家庭内での利用であっても著作権法上認めら
れておりません。

落丁・乱丁はお取替えいたします。
ご意見、ご感想をお寄せ下さい。